改变，从阅读开始

U0247891

# 群居的艺术

辉格 著

山西出版传媒集团　山西人民出版社

图书在版编目（CIP）数据

群居的艺术 / 辉格著 . -- 太原 ：山西人民出版社，
2017.6
ISBN 978-7-203-09961-1

Ⅰ．①群… Ⅱ．①辉… Ⅲ．①群居-研究②群体社会
学-研究 Ⅳ．①Q142.8②C912.22

中国版本图书馆CIP数据核字(2017)第099146号

**群居的艺术**

| | | |
|---|---|---|
| 著　　者： | 辉　格 | |
| 责任编辑： | 王新斐 | |
| 选题策划： | 北京汉唐阳光 | |
| 出 版 者： | 山西出版传媒集团·山西人民出版社 | |
| 地　　址： | 太原市建设南路21号 | |
| 邮　　编： | 030012 | |
| 发行营销： | 010-62142290 | |
| | 0351-4922220　4955996　4956039 | |
| | 0351-4922127（传真）　4956038（邮购） | |
| E－mail： | sxskcb@163.com（发行部） | |
| | sxskcb@163.com（总编室） | |
| 网　　址： | www.sxskcb.com | |
| 经 销 者： | 山西出版传媒集团·山西新华书店集团有限公司 | |
| 承 印 者： | 北京通州兴龙印刷厂 | |
| 开　　本： | 880mm×1230mm　1/32 | |
| 印　　张： | 9.75 | |
| 字　　数： | 200千字 | |
| 印　　数： | 1-10000册 | |
| 版　　次： | 2017年6月第1版 | |
| 印　　次： | 2017年6月第1次印刷 | |
| 书　　号： | ISBN 978-7-203-09961-1 | |
| 定　　价： | 42.00元 | |

# 目 录

# 序

两年前，在一次因我的上一本书出版而安排的访谈中，我曾擅自为哲学家指派了一个任务——描绘一幅世界图景。之所以会冒出这个念头，是因为我逐渐发现，缺乏这样一幅图景已对我构成了障碍，让我难以深入细致地谈论一些更为具体的事情；特别是当你的假想听众为数众多时，脱离一幅可供方便参考的世界图景，要说清楚一件事情就变得越来越麻烦了。

常有人说，哲学家的工作是思考最基本的问题，或者（听上去更吓人的）所谓终极问题；那些基本问题当然是重要的，甚至重要到值得你花上一辈子去思考，但执着于基本问题的倾向有时也会将人引入歧途，它带给人这样一种感觉：仿佛我们对世界和生活的探索就是一个寻宝游戏，那把（或少数几把）可用来解开我们全部困惑的金钥匙，就藏在某个幽深角落里，一旦找到它们，以往困扰我们的种种问题，就都迎刃而解了；事实上，许多被哲学话题所吸引的年轻人，或多或少都以为自己能找到这把钥匙。

这一倾向也让人们热衷于作各种单链条的追问：人和动物究竟有何不同？人有语言，动物没有。为何人类会说话？人类大脑新皮层上有个语言区，那里运行着心智的语言模块。这个模块怎么来的？FOXP2，这个基因的新版本让那个脑区升级成了语言模块。Eureka！原来人之为人的奥秘就隐藏在FOXP2里！

人为何有自由意志？因为我们的选择是不可预知的。为何不可预知？因为运行我们心智的神经系统，有着物理上的不确定性。这个不确定性又是哪儿来的？来自神经工作中的量子效应。Duang！量子神经学挽救了我们的自由意志！

欧洲人为何能如此轻易征服美洲？因为欧洲入侵者拥有压倒性的技术优势。他们的技术优势哪儿来的？因为欧亚旧大陆文明远比美洲发达。那又是为什么？因为欧亚大陆的地区间多样性更高，交流互动更多，所以文化进化更快。为何欧亚文化更丰富多样？因为欧亚大陆是横的，有着辽阔而畅通的宜农宜牧温带区，而美洲大陆是竖的。Bingo！一个历史大难题就这么简洁漂亮的解决了！

这些单链条的追问和探索当然会产生有益的结果，至少让我们注意到了FOXP2在语言机能中扮演的角色，对神经过程的物理基础也有了更多了解，也提醒我们关注地理条件对文明发展的影响，然而对于最初的问题，它们并未构成有效的解答，因为现实世界并非像弹球游戏或多米诺骨牌那样，由一根根独立的线状因果链组成，而是一张张因果网络。

每当你沿着线状追问链条往前跨出一步，就抛掉了许多相关因素，而专注于你挑中的那个，这样的探索可能得到一些很有价值的局部认识，却不能产生一幅完整的图景，对改善探索者个人的已有图景也毫无助益，甚至更糟糕，过分高估自己所关注问题的重要性常常将一个人在现实事务上的判断力拉低到不可救药的水平，"有些话荒唐得只有哲学家才说得出来"——这绝不仅仅是句笑话。

专业研究可以成为学者据以安身立命的事业，它们本身也可能充满乐趣，但作为俗人的我们，若要从这些探索、洞见和知识中获益，借此更好地认识我们身处其中的这个世界，则必须将其置于一个完整图景之中，为此我们需要考虑：当我打算接纳一个听上去不错的见解——大至一套理论，小至一个概念或一个数字——时，那对我当前已持有的世界图景将意味着什么。

是稀松平常波澜不惊，还是会引发一场大地震？是照亮了一个此前朦胧晦暗的小角落，还是豁然打开了一片新天地？是解除了一个长久以来的困惑，还是动摇了你向来以为坚固牢靠的信念？只有在这个问题上保持适度的警惕和敏锐，我们才可能在听取各种不断涌来的新观念时，对自己的世界图景作适当调整，或将其安放到适宜位置，而不是像观赏科幻电影时那样无动于衷，超然事外，或者更糟：在对如何建立新图景尚无头绪之际，过于急切的抛弃常识，拥抱革命。

描绘一幅世界图景，这听起来是件令人生畏的任务，然而在我看来，拒绝它并不是一种谦逊，而只是心智上的顽固或懒惰，因为我们既然能够作为一种波普式造物（Popperian Creatures）而存在并行动于这个世界之中，就必定已经各自拥有了一幅属于自己的图景——无论多么粗略、模糊和残缺，只是通常人们都懒得加以审视和表述，或者不愿将其袒露在阳光下，接受理性的批判。

所以我只是不想让自己在这一点上过于懒惰而已，当然，这也可以视为一个借口，用来回答对我写作方式的一种常见批评：你竟然可以毫无羞耻地跨越如此多学科，谈论如此庞杂广泛的话题，其中任何一个都不是你的专业，如果只是转述或科普也就算了，竟然还处处夹带自己的私货，却没有做过任何实证研究，请问这么厚的脸皮是怎么磨出来的？

自从为自己戴上"哲学家"这顶安全帽之后，我就有能力抵御这种抨击了：和俗人一样，哲学家历来享有无视专业边界和免于实证研究的特权，一个领域一旦专业化之后，便大可以从哲学中分离出去，人人都有且必须有一个世界图景，哲学家只是在维护这一图景上特别勤快一点，时时审查和调整它，以便容纳和组织不断涌入的新经验，并且愿意多花些工夫将它描绘出来，与人分享。

在这么做时，我会尽可能多地参考相关专业的见解，但如果这些见解无法让我满意，或者它们处于我的阅读视野之外，我就会尝试用"估摸起来大概是那样"的私货将缺口补上，这是无奈之举，就好比一部古装片的导演，无论多么苛求历史真实性，也总不能因为对某个时代某类人物的典型服饰应是何种样子尚不存在专业见解，就让这个角色光着身子吧？

世界很大，可以从不同侧面去描绘它，而我选择将注意力放在人类和他们所创造的文化与社会上；这项工作不可能在一本书之内完成，在我的上一本书里，我曾试图勾勒人性与文化的某些局部，在本书中，我将焦点集中在社会结构上，并努力阐明，在我心目中，如今我们所见到的大型社会是如何组织起来的，是哪些元素在维系着它。

辉格

2017 年 5 月

# I 超越邓巴数

　　大型社会不仅本身是个奇迹，它也是人类创造其他奇迹的前提；社会规模若是太小，就支撑不了精细的分工，也不会有多少专业化，几十上百人的小社会养不活任何专业工匠，而业余工匠的技艺只能停留在极为粗糙简陋的水平；狩猎采集者虽有不少闲暇，却极少出于交换目的而生产物品，因为商品需要足够大的市场容量，其生产才能越过最低规模经济门槛而变得有利可图。

　　社会规模也是复杂知识系统的存在前提。在无文字时代，知识分散存储于个体头脑之中，因而总的知识量由个体数量和个体之间知识差异度决定，小群体不仅个体数量少，并且由于缺乏分工和专业化，知识与技能的个体差异也很小；就好比生物有机体，如果细胞数量很少，而且细胞间分化程度很低，就搭建不出太多有意思的复杂结构。

　　虽然不同群体因占据不同生态位，采用不同生计模式而发展了不同的知识体系，但这种多样性仅仅对于从天堂向下俯视的上帝才有意义，生活于其中的个人既体验不到，也无从受益；小群体之间的零星交流偶尔能为群体注入一些新鲜观念，却不足以让人们从自己并不拥有甚至没有能力掌握的知识中获益，这种好处只有经常性的分工和交换才能带来。

　　用马特·里德利的话说，群体的知识系统就像一个观念池塘，观念在其中冲撞交配，产生新观念，组合出新结构，就像原始汤中的分子相互碰撞产生新结构一样，要出现这样的效果，必须有庞大的个体数量。假如原始汤被分割成一个个孤立的小池塘，复杂分子大概就不会出现，因为每种新结构必须有足够多的副本才能持久存在，否则很容易因随机漂变或承载它的个体在其他方面的缺陷而灭绝。

　　大航海时代以来——特别是最近一轮全球化浪潮中——人类所取得的辉煌文明成就，最好地演示了一个流动性大社会所具有的无限可能性；然而，尽管有着种种好处，大型社会直到最近一万多年才出现，人类在其漫长历史的绝大多数时候，都生活在数十上百人或最多数百上千人的小社会中。

　　而且这不仅仅是人口问题，历史上一些特别成功或格外幸运的群体——比如七八万年前走出非洲的现代智人，一万多年前进入美洲的东北亚人，五千年前从昆士兰散布几乎整个澳洲大陆的帕马—恩永甘人——都曾经历过非常迅猛的人口增长，20世纪30年代首次接触外部世界之前，新几内亚高地山谷中居住着上百万巴布亚土著，然而，尽管总人口不少，他们却都生活在结构简单的小型社会中。

　　早期人类群体总是在人口增长到一定程度时便发生

分裂，仿佛存在一个天然的适度规模，一旦超出，内部压力渐增，纠纷冲突扩大，最终将群体撕裂，就像细胞那样一分为二；这种内在的分裂倾向不仅在前国家社会普遍存在，在今天仍可从各种缺乏科层结构的自发性群体或社团组织中观察到。

初民社会的另一个特点是对外人的恐惧，正如贾瑞德·戴蒙德在《昨日之前的世界》第三、第四章里所描绘的，这种恐惧弥漫于整个生活之中，影响着人们的一举一动；恐惧来自群体间无休止的冲突与战争，在此问题上，霍布斯说得没错，除了一点："所有小群体对所有小群体的战争"比"所有人对所有人的战争"更准确。

那么，人类（至少部分人类）又是如何摆脱恐惧，克服固有的分离倾向，弥合差异和分歧，抑制曾经随时可能爆发的冲突，最终建立起了如今我们身处其中的大型社会的呢？这正是我在本书中所要讨论的主题。在我看来，这一成就是一系列组织与制度创新的结果，这些创新改变了群体间的竞争格局，进而为更多创新提供了选择压力；同时，社会的大型化也反过来改变了人类的文化与心理特质，一些原先可为个体带来优势的特性变得不再适宜，而另一些特性则得到青睐。

上述过程可粗略地分为三个阶段：第一个阶段是组织进化的过程，人们开发出各种组织结构来强化个体与小群体间的协作关系，用种种义务将个体利益更紧密地

捆绑在一起，强化对神灵的恐惧以确立共同信仰，建立
纠纷处理机制以平息内部冲突，发展集体议事程序和层
级化控制结构以提升集体行动能力。

那些在这些方面取得成功的群体，克服了自然群体
固有的分裂倾向，在人口增殖的同时维持了统一，因而
组织起了诸如部落和城邦这样超出自然规模的紧密共同
体，它们进而通过结盟或庇护—纳贡关系建立了更大的
政治实体；这些实体的规模由其组织效能决定，而后者
又由通信、交通、武力投送、军队后勤等技术性条件所
决定，一个紧密合作的职业武装集团可能将其打击范围
内所有部落变成纳贡附庸，假如纳贡体系足够持久且具
有排他性，那么一个广域国家便形成了。

第二个阶段是连接与融合的过程。当国家在广大地
域内建立起和平秩序，长途旅行变得更安全，通信条件
得以改善，贸易活动和流动性职业开始增加，通用语随
之出现并广泛流行，对陌生人与陌生世界的恐惧开始减
弱，一些跨群体流动的专业阶层逐渐形成，尽管占总人
口的比例不高，却足以在和平秩序边界之内的各小共同
体之间维持物品、人员和观念的持续流动。

随着群体间交往日益频繁，潜在的利益冲突与纠纷
随之增多，有着高度文化特异性的传统部落纠纷处理机
制已不足以应付，一些更具一般性的法律规则和更正式
的司法机制被开发出来；同时，交往的增进、文化视野

的扩展，以及和平秩序带来的诸多好处，培育了一种更具普世性的道德感，并逐渐（至少部分的）取代了早先小共同体中亲疏内外有别的交往伦理；共同的社会规范，加上由通用语和流动阶层所支持的共同文化，将这些小社会结成了一个大型共同体，它不再只是被强权捏合起来的政治实体。

第三个阶段是拆除脚手架的过程。上述大型社会中，有些成功建立了宪政与法治，个人权利得到良好保护，契约执行有了可靠保障；当个人的安全感大幅提升之后，便逐渐从诸如领主—附庸、恩主—门客、师徒之类的依附关系中摆脱出来，也不再那么依赖家族和行会这样的传统安全网，成为独立而自由的市场参与者。

当由法律支持的市场体系将越来越多个人与资源卷入其中，成为组织生产和分配报酬的主要力量，那些传统的社会关系和组织结构便瓦解了，它们的经济功能被市场取代，而对个人的安全功能则转而由司法系统提供。那些在大型社会的进化历程中曾经扮演过重要角色的结构元素，在社会有了其他支撑物之后，就像脚手架一样被拆除废弃了。

以上几个阶段的罗列，并不暗示所有社会都必定会沿同样的路线走向同一个终点，这种历史决定论的看法是幼稚而错误的。实际上，一些狩猎采集游团完全可能长期保持小规模状态，并丝毫没有大型化的趋势，已经建立的国家可能崩溃并退回部落状态，宪政与法治可能被腐蚀败坏，文明社会可能被蛮族征服甚至摧毁……所谓阶段性不过是事后回顾时所辨认出的一种模式。

本书将从上述发展历程中选取一些重要的或有代表性的环节加以讨论：第一部分将讨论若干组织形态，以及它们如何被用来突破对群体规模的自然局限；第二部分将讨论，是哪些条件让人员和商品得以跨群体流动，这些流动如何让诸多地方社会和小共同体之间在文化上变得更相容，并最终联结成了大型社会。

第三部分将关注这样几个问题：为何某些在社会大型化过程中曾扮演过重要角色的结构元素被废弃了？取代它们的是什么，最终支撑着高度流动性的现代市场社会的支柱有哪些？这个社会与以往出现过的其他人类社会有何根本区别？以及，对于个人而言，生活在这样的社会有何不同？

# 1 规模局限的含义

人类学家罗宾·邓巴（Robin Dunbar）提出过一个著名理论，大意是说，每个人与之维持持久关系的熟人，数量最多不超过 200，通常只有 150 左右；所谓熟人，不仅是指你认识这个人（对此常存在误解），更是指你记住了和他的交往历史，以及他和你认识的其他人之间的关系；这一数量限制，后来被称为邓巴数（Dunbar's number）。

在邓巴看来，造成这一限制的，是人类认知能力的局限：尽管一百多看起来不是很大的数字，但两两关系的数量却可以非常庞大，而且随着人数增长，关系数量将指数式膨胀，所以尽管人类大脑已经比黑猩猩大了三四倍，也很难处理更庞大的关系网络和交往历史了；况且，社会关系只是我们面临的诸多认知任务之一，虽然对人类来说它是非常重要的一类。

我们之所以需要记忆有关一个人的那么多信息，是为了在多方博弈中选取适当策略，以及施展复杂的社交技能；比如在重复囚徒困境博弈中，那些有助于达成合作的策略，都依赖于对博弈对手以往行动的记忆；在借助了声誉信息的策略中，评估对手声誉时所利用的，便是他和其他人的交往记录；在长期互惠关系中，所需记忆的人情账更是数量巨大。

在实施报复策略时，为评估报复可能引发的连锁反应，需要了解对方以往遭报复时的反应，以及他的盟友或同情者以往在他们的朋友遭报复时的反应，以便推测你的行动是否会破坏你所珍视的其他关系，或损及未来的合作机会；在推测对方的重大决定时，在实施欺骗、圈套、离间等复杂计谋时，更需要站到对方的角度，看他掌握着哪些信息，这就需要记忆一连串让对方获取特定信息的事件。

这只是少数一些例子，实际上，无须研究博弈论，凭常识我们便可体会到处理社会关系对记忆量的巨大需求，那些有着高超社交技能的人，都有一本厚厚的通讯录和一肚子掌故；在日常闲谈中，擅长社交者也会花费大量时间不厌其烦、如数家珍般地反复唠叨这些社会关系，以及影响这些关系的一些重大事件，这既是在强化记忆，也是在为自己所偏爱的故事版本做营销，以便将听众的认识朝有利于自己的方向引导。

社交需要甚至可能是推动人类大脑与认知能力进化的主要动力，邓巴对 38 个属的社会性灵长类群体的统计分析显示，这些群体的规模和它们的大脑新皮层容量之间，存在着显著的相关性，从新皮层的尺寸可以粗略推测群体规模；而脑科学告诉我们，新皮层确实和社会化行为、表情处理和语言能力等社会性动物特有的认知能力有密切关系。这就表明，大脑的存储和运算能力，已成为我们扩大社交圈规模的瓶颈。

正是因为社交带来的巨大记忆和认知负担，我们不得不将自己的社交圈限制在较小的规模，并且以两种截然不同的方式对待他人：对少数熟知者，我们会把他当作血肉丰满的特定个体对待，会关注他的秉性喜好，观察他的喜怒哀乐，揣摩他的动机和意图，并据此决定如何与他交往和相处；相反，对半生不熟者或陌生人，我们会简单地做类型化处理：归类、贴标签，凭借刻板印象迅速决定如何相待。

用计算主义的话说，人类认知系统中处理社会关系的模块，有着两套相互独立的算法，用于处理熟识关系的那套，会为每个交往对象单独建模，据此预测其行为；而另一套则只对每种类型（包括从自我出发的关系类型和人物本身的类型）建模，具体运用时，将个体对象作类型识别后套入其中一个模型，便得出判断，做出决定。

果若如此，我们就容易理解某些社会心理现象了：比如许多人持有种族偏见，但这种针对群体的偏见常常并不妨碍他拥有该种族的朋友；再如，当一个人进入文化迥异的陌生社会，起初往往会遭遇刻板化的对待，但时间长了，那些和他建立起熟识关系的人，就会改变态度；因为刻板印象只是缺乏信息时的一种简化近似处理，既然有了更好信息，就不再需要了。

两种交往模式的差异在我们的称谓方式中也露出了马脚：对于和自己较亲密的人，我们会以名字相称，连名带姓就显得见外，只称姓就更疏远；因为名字是标识个体的，而姓氏则是标识家族、宗族或更大世系群的；昵称则是更亲密的称谓，因为正式名字是给所有需要的人用的，所以最亲密的关系中需要换用另一个特殊称谓，才能将两种关系区分开来。

类似地，当我们使用比较客气的称谓时（客气的意思是刻意强调与对方的社会距离），就会选择一些标签式称谓（相对于个体式称谓），这些标签用于标识对方的社会身份，比如职业、职务、爵位、军衔等。（这里存在一些微妙情形，当既要表示客气或尊敬，又要表示亲密时，会组合使用标签和个体名字，比如杰克叔叔、小波老师、泰迪上校，等等。）

进而，（特别是在第三人称场合）当我们想要表达对他人的轻蔑，或强调自己和他的差异，并以此强调自己和他根本不是同类人，也不屑于将他当作特定个体对待时，便会倾向于选择类别称谓，常见的类别涉及种族、民族、地域、阶层、宗教、政治派别和亚文化群体，还有体貌特征。

邓巴数理论为我们理解人类社会提供了一条极好线索，人类学家早已注意到，传统社区大多是小型熟人社会，从狩猎采集游团到游牧牧团，从农耕村庄到自给自足的修道院，凡缺乏支配性政治结构的自发社区，其规模都不超过邓巴数，在定居文明和城市出现之前，所有人都生活在熟人社会，即便在此之后直到现代化之前，绝大多数人仍然如此；社会规模似乎存在一个自然上限，每当其人口膨胀到一定程度就会自动发生分裂。

与此相应的，各种专业组织的基本单元，比如军队的最小作战单位、学校的班级、大学的系或实验室、公司的工作团队或基层部门、工厂的生产班组、政府的内阁、列宁式政党的政治局、1958 年以前的罗马教会枢机团等，规模都限于邓巴数的一小半，因为对于这些组织的个体成员，同事只是其社会关系网的一部分。

实际上，组织规模一旦超出这一水平，其行动能力就会被削弱；美国国会的规模比它大了一个数量级，所以绝大多数议案制订工作是在各种专门委员会和核心小组（caucus）里进行的；扩大人员规模是削弱一个机构的常用手法，英国上院在 18 世纪只有 50 多位议员，是个行动能力很强的机构，推动 19 世纪 30 年代改革的进步派为剥夺其权力，让国王册封大批终身贵族以图将其淹没，上院规模此后一路膨胀到 1999 年的 1330 人（上院议事大厅只有不到 400 个座位），其权力也一路衰弱，最终变得无足轻重。

之所以熟人社会是一种自然状态，是因为其内部秩序主要靠熟人之间的合作与信任来维持，这是一种在人际交往中自发建立并自我维持的秩序，无须特殊的制度安排；这些人之所以相互熟识并生活在一起，通常是因为存在血缘或姻亲关系，这些关系为合作互惠创造了前提；熟人社会也无须正式的权威机构来维护其秩序与规范，因为扮演这一角色的权威能够基于年龄、辈分、血统、财富、声望、社交技能等自然优势而自发产生，当一个人凭借这些优势而在社交网络中占据中心节点的位置时，其权威地位便自动确立了。

当熟人社会的规模因人口繁衍而超出邓巴数，许多成员不再相互熟识，群体内的敌意和冲突便会增加，因为人们在与陌生人的一次性交往中更可能背叛或欺骗，陌生人之间较少有共同朋友，因而其行为更少受社会压力的约束，他们之间也没有紧密结合的互惠网络，因而较少顾忌冲突可能引发的连锁反应（让你突然失去很多朋友），假如陌生到连名字也叫不出，那么声誉机制也不再起作用。

这种情况下，人们会小心控制自己的交往范围以避免风险，这一倾向会将该群体原本比较均匀致密的关系网络拉扯成一种若干局部小圈子各自高度内聚而相互间联系稀疏的不均匀结构，每个小圈子围绕一个权威人物。这是因为，在一个存在许多陌生关系的群体中，自发产生的权威人物难以再像原先那样为整个群体扮演纠纷调解者和规范执行者的角色；因为自发权威没有多少强制力，他们的工作主要依靠自身的声望、社会资本和社交技能，比如利用自己的社交中心地位传播损害不服从者声誉的故事，动员相关各方对他施加压力，实施交往排斥和社会孤立，而所有这些都以他和纠纷双方的熟识关系为前提；这样，随着群体中陌生关系增加，纠纷冲突在增长，假如纠纷发生在小圈子内，他们会去寻求共同熟识的权威解决，而跨越小圈子的纠纷则得不到解决，于是群体分裂便在所难免。

北美的再洗礼派社区极好地演示了这一分裂过程会如何发生；再洗礼派是一个极端守旧主义的新教宗派，他们离世索居，拒斥绝大多数现代元素，尽最大可能保持五百年前德国农村的简朴生活方式，他们的社区是典型的熟人社会；由于生育率极高，在近代卫生条件改善后，人口每过十几年就翻一倍，因而为观察其社区裂变提供了绝佳机会。

再洗礼派的一支胡特尔人（Hutterites）生活在公社之中，每个公社由若干扩展家庭组成，人数在60—140人之间，他们共有财产，集体生产，在公共食堂吃饭，周日在几位长老带领下集体做礼拜；每过十几年，当公社人口接近上限时，就会安排一次分家，在别处购买一块土地，拆成规模大致相等的两个公社，其中一个搬到新土地上建立新家园。

类似的情况在再洗礼派的另一个分支阿米绪人（Amish）中也可看到，虽然他们没有公社，财产由扩展家庭私有，生产也由各家自行组织，但他们同样组成了非常紧密的社区，长老们制订和执行着严格的教规，礼拜日在公共谷仓的全体聚会上安排各种公共事务并处理违反教规的行为，任何一家有盖新房之类大事时，全社区都会集体出动帮忙；和胡特尔人一样，阿米绪社区在规模超出邓巴数时也会分裂，分出去的群体另建公共谷仓。

从再洗礼派身上多少可以看出传统社会的一些影子，尽管强烈的宗教色彩与绝对和平主义让他们显得很特别，但随人口膨胀和血缘渐疏而持续的分支裂变，却是早期人类社会的普遍特征，无论身处何种生态环境，采用何种生计模式，皆是如此。

狩猎采集者的典型组织单位——游团——的规模一般不足百人，比如非洲西南部卡拉哈里沙漠的桑人（San），每个游团大约20—60人，邻近农耕区的游团则较大，100—150人；从事游耕农业的半定居社会，规模也只是略大，比如缅甸克钦邦山区的一个500人游耕群落，共有9个村寨，其中最大的也只有31个家户100多人。

即便是完全定居且人口密集的农耕社会，若缺乏较发达的政治结构，其规模也接近或略高于邓巴数；这种情况在交通不便的山区尤为普遍，比如吕宋山区从事灌溉农业并建造了辉煌梯田的伊戈罗特人（Igorots），其村寨规模常有一两千人，粗看是个大社会，但其实里面分成了十几个相互独立、互不统辖、自行其是的单元（atom），规模恰好接近邓巴数。

游牧社会的情况则比较多样和多变，因为游牧者的社会结构高度依赖于他们和邻近农耕定居者的关系，以及这些农耕社会本身的结构特征；通常，当远离农耕区，或者邻近的农耕者也缺乏大型社会时，游牧者的社会结构便与狩猎采集游团相似；比如地处草原腹地的哈萨克和北部蒙古，一个典型的牧团规模大约五六帐，最多十几帐（一帐相当于一个家户），由于过冬草场相对稀缺，冬季会有几十帐聚在一起；在资源贫瘠、人口稀疏的牧区，比如阿拉伯和北非的沙漠贝都因人，牧团规模更可小至两三帐。

只有当他们频繁接触较大规模的农耕定居社会，与之发展出勒索、贡奉、庇护、军事雇佣等关系，并因大额贡奉的分配和劫掠行动的协调等问题而引发内部冲突时，才会发展出更大更复杂的社会结构；而在某些特殊地理条件下，游牧者即便与农耕社会长期频密接触，也难以发展出大型社会，比如青海河湟地区的羌族牧民，其牧区被崇山峻岭分割成一条条难以相互通行的山谷，因而其社会结构也和在类似褶皱地带从事农业的族群一样，长期处于碎片化状态。

如此看来，我们不无理由将小型熟人社会视为人类社会结构的"自然状态"，在人类漫长历史的绝大部分时期，它都是唯一可能的形态，更大更复杂的社会是十分晚近的发展；然而，人类毕竟还是建立起了大型复杂社会，现代都市社会的规模，已超出邓巴数五个数量级，像大公司这样的机构，常拥有数十万成员，却仍可协调一致的行动，持续追求特定目标。

既然人类能够做到这一点，必定是找到了某些特别的办法，创造出了与之相应的文化和制度元素，帮助他们克服了认知局限对社会规模所施加的限制，那么，他们是怎么做到的？在此过程中他们创造了什么？还有更基本的问题：社会最初为何会向大型化方向发展？是何种力量在推动着社会变得越来越大？

## 2 扩张的动力

　　大型社会似乎伴随着定居生活而出现，并且随着定居文明的成长而不断扩大；大约一万年前，文明的黎明时分，在文明摇篮新月沃地诞生了第一批有着永久性建筑的城市，据认为是史上最古老城市的杰里科（Jericho），拥有一两千居民；从大约六千年前开始，另一个文明摇篮乌克兰出现了一批拥有一万多居民的更大城市，其中包括印欧人祖先所建立的塔连基（Talianki）。

　　稍晚一些，青铜时代的苏美尔人在两河地区建立的一系列城邦，人口更达到了四五万；到铁器时代，出现了新巴比伦这样人口过十万的大城市，随后数百年，欧亚多个文明中心进入了被哲学家卡尔·雅斯贝尔斯（Karl Jaspers）称为"轴心时代"的繁荣期，地中海世界、印度和中国都涌现了一批和巴比伦规模相当的城市。

　　城市的下一轮扩张伴随着大型帝国的崛起，从迦太基、亚历山大到罗马，这些都市的规模与繁华背后，是整个帝国的辽阔疆域和无上权力，而作为首个人口过百万的城市，罗马的规模为此后所有古代城市设定了上限（罗马的后继者，比如长安、巴格达和杭州，规模可能略大于罗马，但差距不明显），直到工业革命之后，这一上限才被伦敦所超越。

不仅是城邦和帝国都城，文明秩序所及之处，大小城镇如雨后春笋般涌现，每个罗马军团驻地都发展为城市，原先出于安全需要而修建的设防据点逐渐吸引工商业者而发展为市镇；那么，是何种力量在推动社会规模——无论是政治实体还是聚居社区——不断扩大？考虑到这一扩张趋势普遍存在于各大洲大致相互隔绝的文明中心，它显然不是偶然的；定居生活究竟带来了什么新情况，使得社会大型化成为不可避免的趋势？

答案或许是战争。

大约三四万年前，就在末次冰盛期（Last Glacial Maximum）之前，人类经历了一次文化大跃进，在器具制作、材料运用、身体装饰、艺术、葬仪等方面取得了突飞猛进的发展，弓箭与刀具等武器技术的改良，以及上述符号化行为所揭示的认知能力和社会结构上的发展，让现代智人从此成为毫无疑问的顶级捕食者。此后，每当他们进入一块新大陆，便有整属整科的大型动物被捕食殆尽。

捕食优势导致了人口的迅猛增长，这一点从智人征服美洲的过程便可见一斑，人类大约在一万五千年前进入美洲，两三千年后就已遍及整个大陆；如此迅猛的增长很快会提升人口压力，加剧同类间的资源竞争。换句话说，在成为顶级捕食者之后，人类在生存竞争中的主要对手只剩下其他人类了。

当猎物日渐稀少，竞争者却越来越多时，狩猎活动发生了一些改变：通过漫游找到猎物的希望变得更渺茫，守卫领地变得更重要，持续跟随守护一群猎物，阻止其他捕食者（主要是其他人类）染指，在取食的同时尽量维持其种群规模，日益成为更有利的策略，特别是对那些成群活动，且习性上容易被赶拢和围守的食草动物。

采集活动也经历了类似变化：随着人口增长，每群采集者在其漫游范围内能够采集到的食物减少了，而且过度采集会破坏生态系统的持续生产能力；于是，专注于守护一片采集领地，阻止其他取食者（比如人类或鸟类）进入，清除与采集对象竞争空间和营养的其他植物，这样的策略变得更有利了。

这些做法最终导致了向定居农业和畜牧业的转变，也可以说是一个私有化过程，当竞争过于激烈导致资源退化时，只有将土地和动植物种群变成各群体的专属领地，才能避免公地悲剧，让群体持续依靠这些资源生存下去。

就我们的主题而言，重要的是，领地化和定居化改变了群体间战争的动机和形态，前定居社会虽然也充斥着个体间的暴力冲突和有组织的群体间攻击行动（即战争），而且按冲突频率和死亡率算，其暴力程度远远超出后来的文明社会，大约 1/5 到 1/3 的男性死于暴力，但那时战争的主要动机是抢夺女性和削弱或消除资源竞争者，这些战争打赢了固然好处不小，但至少在短期，不打或逃跑也并非没有活路；所以那时战争也多以夜间偷袭、路边伏击、随机遭遇等较为即兴和机会主义的形态发生，很少有阵地对抗战，局面不利时，人们对逃跑也毫无羞耻感。

但定居者就不同了，在一个人们赖以为生的土地一块块都被据为专属领地的世界，那些还没有领地的群体——因人口增长而从一个定居群体中分裂出来的群体，或因环境变动资源退化而寻求出路的狩猎采集群体，或战争失败被赶出原有领地的群体——必须从其他群体手中夺取领地，而已经占有领地的群体则必须拼死捍卫，战争对于他们已是存亡攸关的事情，一个被迫押上了全部赌注的赌局。

定居农牧业也为战争创造了一种新的动机：掠夺财产；狩猎采集者除了随身携带的少量器物之外，没有什么值得掠夺的东西，他们的生存资料是随时获取随时消费的，但畜牧者必须维持庞大畜群才能持续获取肉奶，农耕者则必须在两季收获之间存储粮食与种子，这些存量物资对掠夺者构成了很大诱惑，而且定居化让掠夺者很容易找到他们；特别是处于定居社会周边的非定居群体，他们突然发现了一个十分诱人的新生态位：以劫掠定居者为生；定居与非定居者在攻防优势上的不对称，使得这一生计模式变得有利可图。

这些改变让相邻的定居群体陷入这样一种局面，其中每个群体都会想：因为我有畜群和存粮，所以他完全有理由攻击我，而我不知道攻击会在何时何地以何种方式发动，这样一旦发生我就处于猝不及防的不利地位，为避免这种情况，我必须先下手为强，在我选择的时间地点以对我有利的方式主动攻击；况且，就算对方没有恶意，他也会这么揣摩我的想法，结论自然也是主动发起攻击，所以无论如何，首先攻击总是正确的选择。

这一逻辑就是博弈理论中的所谓霍布斯陷阱（Hobbesian trap），它揭示了，即便从一个双方都毫无恶意、并不想攻击对方的逻辑起点开始，也会经过理性推导而得出主动发起攻击的结论，于是战争不可避免；这说明，只要存在引发不安全感的客观条件，战争无须由预先存在的恶意推动，就会自动爆发；所以很明显，任何提升不安全感的因素——收获季的临近、自然灾害造成的减产预期、一方或双方的人口增长、新武器的引入、一方增加军备或与第三方结盟，等等——都会强化上述逻辑，并加速战争爆发。

而与此同时，定居者在防御上却变得尤为被动和脆弱,定居特性让攻击者可以充分寻找其防御薄弱点,从容选择攻击时机,而生产的固定周期节奏也很容易暴露其弱点:农忙时节无暇他顾,收获后库存充裕;攻击者若战况不利可以随时撤离,防御者却不能逃跑,对方逃跑时也不敢远追。

正是上述安全困境,为定居社会的大型化提供了强大推力,因为首先定居者需要扩大群体规模以取得人数上的优势,其次,只有足够大的群体规模才负担得起昂贵的防御设施,也才能供养专职警卫或通过轮换机制实现连续警戒;主要的防御手段是密集居住并建造围墙、壕沟、瞭望塔、警报锣鼓等工事;由于防御工事通常沿边界呈线状分布,长度增加一倍,包围的面积增加三倍,所以定居点规模越大,分摊到单位面积上的工事成本越低。

从考古记录可以看出,早期农业定居点都是设防的;杰里科遗址围有一道六百米长的石墙,墙外挖了壕沟;乌克兰发现的几个五六千年前的万人大城,包括涅伯利夫卡(Nebelivka)、多布罗沃迪(Dobrovody)和之前提到的塔连基,都是设防城市;新几内亚高地巴布亚人的村庄规模很小,负担不起围墙壕沟,但他们会在村边高树上搭建瞭望塔,由族人轮流值守。

多见于黎凡特的一种村落结构,比如安纳托利亚的加泰土丘(Çatalhöyük),由一群砖石房屋相互紧贴组成一个蜂窝状结构,没有侧面的门窗,也没有街道,只能靠梯子由天窗出入；门窗狭小也是上古农村住宅的普遍特征，吕宋山区伊富高人的房门狭小到必须侧身才能出入；新月沃地还有许多村落是在山壁上凿出来的。

科罗拉多著名的印第安农业村寨梅萨维德（Mesa Verde），修建在一整块巨大石崖下面，这块向外伸出的巨石像一个罩子，保护了村庄的三个方向；在西北欧，许多新石器时代的村庄都坐落于湖泊或沼泽中间，通过可开关的桥廊与外界相通；在没有山崖、河湾、江心洲等有利地势可依凭的地方，城墙与壕沟便是标准配置。

实际上，设防城镇并非像过去许多人认为的那样，是文明较成熟、政治结构较发达之后才出现的，而是从一开始就伴随着定居农业，非如此他们就无法生存下来，这一点，我们从相当晚近的历史中仍可看出端倪；在农业帝国的广阔疆域中，越是靠近农耕拓殖前线，因而面临越多来自原住民的威胁，也越难指望国家力量保护的群体，就越倾向于紧密聚居并严密设防。

比如汉族农民的拓殖前锋客家人，建造了极重防御的大型围楼，还有带围墙壕沟的棋盘式致密村寨（所谓九井十八巷），有些还在四角设有碉堡；相反，在帝国核心腹地江南，农村民居是高度分散的，通常十几户人家沿河道散列成一长串，房屋的封闭性也很弱，毫无防御能力；所以讽刺的是，山水派文人所描绘的那种三两农家零星散布、鸡犬相闻、炊烟相望而互不相扰的安宁和谐场面，只有在帝国权力的卵翼之下才见得到。

虽然定居化在安全上造成了许多困难，但也有个好处：它为相邻群体之间的合作与结盟创造了更好的条件，因为固定不变的相邻关系会为双方带来"交往将无限期持续下去"的预期，而这一预期正是达成合作的重要条件；相比之下，相邻关系变动不居的游动性群体（无论是游猎、游耕还是游牧）之间则很难建立牢固的信任与合作关系。

有个例子很好演示了这一原理，在一战的西线战场，当战争进入僵持状态时，前沿阵地上长期对峙的双方士兵之间，逐渐达成了一种默契：每天只在固定时间例行公事式地向对方射击，其余时间可以大胆走出战壕；在协约国军方高层察觉这一情况后，为打破这种默契，迫使前线军队积极行动，采取的措施是定期调防，以避免形成长久交往预期。

当然，只要人口压力仍然存在，战争动机和不安全感就不会消除，但同时，特别是因为防御负担的过于沉重，每个群体也会尽力避免与所有相邻群体处于敌对状态，因而会尝试与某些群体结盟，去共同对付其余群体，而固定相邻关系使这种结盟成为可能；一些群体的结盟活动会引发连锁反应，迫使其他群体也寻找盟友，于是，定居化使得所有群体对所有群体的霍布斯式混战，变成了对立联盟之间泾渭分明的对抗。

定居群体间的联盟为社会大型化开启了一条路径，人们迫切地寻找让联盟变得更牢固的组织方式和文化工具，努力平息内部冲突，寻找和建立共同利益，强化对联盟的情感与忠诚，渲染对共同敌人的恐惧与仇恨；而连绵不绝的战争则为组织效能提供了选择压力，那些在这方面取得突破的联盟得以生存壮大，他们的做法被效仿。

这一局面也造就了全新的战争形态，以往流行的机会主义的袭扰战逐渐丧失了价值，因为一次攻击若不能给对方以致命打击，虽然可能占到一点便宜，却会将自己置于危险境地，因为攻击会将对方的联盟迅速动员起来，而自己的盟友则可能责怪他不和他们商量贸然开战，把他们拖进毫无准备的战争，并以此为由拒绝提供援助。

于是战争变成了一件更加严肃而专门的事情，需要精心协调和正式决定，平时要保持谨慎克制，避免轻率的挑衅和袭扰，或因琐碎原因而挑起冲突；而一旦决定开战，则必须得出一个决定性的结果，即便战况不利也不能逃跑，因为定居者无处可逃，反击或报复者总是能找到你，如果抛弃盟友自己逃跑，后果就更严重。

这些要求进而塑造了有关战争的全新伦理标准，对庄重克制和战斗纪律的赞美，对战友与盟友的忠诚，决战至死的勇气，对逃跑的羞耻感——这些在高度平等主义的狩猎采集游团中往往被视为不可思议的愚蠢之举而备受嘲笑。

战争在人类进化历程中的核心地位，从人们对战争的反应中也可窥见一斑；战争爆发会急剧改变一国民众的心理状态和行为表现，其中许多改变是非常积极的，抑郁症减少、自杀率降低、犯罪率降低、慈善捐款和志愿活动增加、对待本国或本民族的陌生人更友好、表现出更多合作性和关心帮助他人的意愿，等等。

政治学家罗伯特·普特南（Robert Putnam）在《独自打保龄球》一书中研究了20世纪美国人公共事务参与率的变动趋势，发现出生于大萧条至二战期间的那代人社会参与热情最高，在公益慈善活动、社区公共事务、积极维护与邻居的关系、去教堂、参加投票、给报社电台写信、组织社团等几乎所有方面，参与率都大幅超出60年代以后出生的那代人，而且他们的参与热情一直保持到晚年；战争似乎打开了人类头脑中的蜂巢开关（hive switch），让共同体情感大爆发。

自从人类成为顶级捕食者，便所向披靡，而且多才多艺，无境不入，无所不吃，于是同类竞争者成为人类在生存竞技场上需要对付的头号对手，由此战争便超出其他因素而成为推动文化与社会结构进化的首要选择压力；但仅有选择压力不够，还需要让选择压力作用于其上的文化与组织创新，社会进化才会发生，在接下去几篇中，我将选取一些有代表性的创新加以讨论。

## 3　祖先的记忆

　　早期社会不仅都是小型熟人社会，而且其中成员大多是亲缘相当近的亲属，通常由少则六七个，多则二十几个扩展大家庭，组成一个从夫居的外婚父系群，即男性成年后留在出生群体内，女性则嫁出去，加入丈夫所在群体。

　　之所以父系群更为普遍，同样是出于战争需要；在两性分工中，战争从来都是男性的专属，因而更需要群体内男性（而非女性）之间的紧密合作；在缺乏其他组织与制度保障时，亲缘关系是合作关系最可依靠的基础，而父系群保证了群内男性有着足够近的亲缘；另外，战争的一大内容是掳掠对方年轻女性，而掳掠的结果自然是女性离开原有群体加入男方群体。

　　然而，也正是因为战争所需要的群体内合作倚重于亲缘关系，对紧密合作的要求也就限制了群体规模；因为亲缘关系要转变成合作意愿，需要相应的识别手段，否则，即便一种基于亲缘的互惠合作策略是有利的，也无从实施；而随着代际更替，亲缘渐疏，到一定程度之后亲缘关系就变得难以识别了。

对于某位男性来说，群体内其他男性的脸上并未写着"这是我的三重堂兄弟，和我有着 1/64 的亲缘"，他头脑里也不可能内置了一个基于汉密尔顿不等式（rB>C）的亲选择算法，实际的亲选择策略，只能借助各种现成可用的间接信号，以及对这些信号敏感的情感机制，来引出大致符合策略要求的合作行为。

传统社会常见的父系扩展家庭里，几位已婚兄弟连同妻儿共同生活于同一家户，他们的儿子们（一重堂兄弟）从小一起玩耍，常被同一位祖母照顾，听同一位祖父讲故事，就很容易发展出家人间的亲密感，这种情感将维持终身；此后，当他们自己有幸成为父亲和祖父时，这一亲情便能够在他们各自带领的扩展家庭之间建立起强有力的合作纽带。

考虑到远古人类的寿命限制，很少有人能活着成为曾祖父，所以最理想的情况下，一个人丁兴旺的家族，八九位已成为祖父的一重堂兄弟，各自率领着三四个扩展家庭，构成一个五级父系群，其中辈分最低者拥有共同高祖父，这是个人能够从常规生活经历中感知到的亲缘关系的极限，而这个父系群的在世人数恰好接近邓巴数，当然，多数父系群没这么兴旺，因而人数会更少。

事实上，人类学家也注意到，在小型狩猎采集群体中，人们对祖先的记忆多半只限于祖父一辈，再往前就是一片朦胧，往往连名字都说不出；所以，若要将父系群扩展到更大规模，而同时又保持足够紧密的合作，必须借助其他手段来分辨亲缘关系。

办法之一是强化对共同祖先的记忆，在没有文字的时代，这不是桩轻松的任务；用图腾和族徽等视觉符号来标识共同祖先和氏族身份，或许是最普遍的解决方案；另一种常见做法是，将从遥远的群体共祖通往在世者的系谱编成歌谣或口诀，在各种仪式性场合反复念诵，从而时常唤起在场者的祖先记忆。

南太平洋的萨摩亚人在这件事上就表现得特别认真，每个氏族都有一套叙述系谱的口诀，叫法阿鲁派加（fa'alupega），在萨摩亚村庄处理公共事务的政治集会福努（fono）上，每当一位酋长（代表村里一个氏族）入场时，所有在场的其他酋长都要吟诵前者的法阿鲁派加，表示对其身世的认可，当集会临近结束时，这一吟诵仪式会再重复一遍。

实际上，在隆重正式场合做自我介绍时，从自己的本名开始向前追溯，罗列一串父系祖先名，是初民社会中十分流行的做法，在形成稳定的姓氏之前，这也是在正式场合称呼人名的常见方式；罗列的长度视需要而定，推测起来，或许会一直罗列到所有在场者的共祖为止，或者到达某位声名卓著的先辈。

这种呼名方式在现代阿拉伯人中仍可见到痕迹，而在其他民族中，长串父祖名（patronyms）逐渐被姓氏所取代，但往往仍保留一个父名作为中间名，比如斯拉夫人和荷兰人；出于类似理由，许多民族的多数姓氏都是由父名固化而来，犹太人姓名中的"ben"、阿拉伯人的"ibn"、北欧人的"—son"、爱尔兰人的"Mac—"、诺曼人的"Fitz—"，皆源于此类实践。

东亚人更熟悉的强化记忆方式，是立牌位、建宗庙、修祠堂，还有各种祭祖仪式，类似的祖先崇拜与祭祀活动几乎存在于所有定居社会（后来有些社会缺失这些仪式，通常是因为被晚近发展起来的某种高级宗教排挤了）；这些仪式表面上的理由是告慰祖先灵魂，实际上却履行着记忆共同祖先，族内定期聚会以强化血缘纽带，最终巩固群体内合作关系的社会功能。

每个定居民族都有自己的创世神话和始祖传说，始祖常常还会兼任创世之神，在吟诵和记忆共同祖先的一次次努力中，这些始祖的名称、形象和故事被固定下来，随着世代更替逐渐变得遥远而神秘，最终被神化，或者被附会到某个既已存在的神灵上；这些神话的用意，并非像后来的哲学家那样，试图为世界存在或人类起源给出一个可信解释，而只是强化血缘纽带的一种叙事方式。

然而，祖先记忆和氏族历史叙事，只能为合作提供一种动机，尽管很重要，但并不能解决群体扩大之后必定带来的内部冲突；当父系群规模超出邓巴数时，其中关系最远的青年已是三重或四重堂兄弟，亲缘系数（r）只有 1/64 或 1/128，这么弱的亲缘，很难说服个人冒着牺牲重大利益的风险去和并无深交的远亲合作，只有在群体面临急迫的外部威胁，或者在多方混战中选择站在哪一边、与谁结盟这种场合，才能起些作用。

要组成紧密而足够和谐的大型群体，还需要其他手段，最早发展出的办法是强化父权；试想，当前述五级父系群扩展到六级时，规模就超出了邓巴数，但是，假如其中各扩展家庭的家长有能力约束其成员的行为，压制其攻击和报复行动（这是群体内冲突的主要来源），那么，群体和谐就只需要家长们之间达成紧密合作即可，而这些家长之间的亲缘关系比他们的晚辈近得多。

若每位家长控制一个十几二十人的扩展家庭，并且二三十位家长（他们是三重以内堂兄弟）组成合作联盟，那么群体规模便可达到三四百；当分属两个家庭的年轻人发生冲突时，纠纷可由双方家长出面解决，或提交家长会议裁断，并迫使当事人接受裁决结果；同样，当群体面临外部威胁，或谋求与其他群体结盟，或准备对外发动攻击等公共事务而需要集体行动时，家长联盟将充当决策与执行机构。

可以这么理解：如果家长权威强大到让每个扩展家庭像单一个体那样一致行动，那么对群体规模的邓巴限制就转而作用在家庭数量而非个体数量上了。换句话说：通过强化父权，家长们把家族树最下面的两层排除出了维持群体团结所需的那个关键合作圈子，因而在父系群扩展两级后该圈子的规模仍然处于邓巴限制之下；当然，现实中家长权威不可能强到这种程度，但只要它足够强，就有类似效果，至少可以让父系群扩展一级。

实际上，上述模式广泛存在于前国家定居社会，而且大多是在定居之后才出现的；游动性的狩猎采集社会通常是平等主义的，没有高度压制性的父权，长辈也很少向晚辈施加强制性规范，而一旦定居下来（或者游动性减弱），父权便出现了，并且在近代化之前的整个文明史上都占据主导地位；当今世界，凡国家权力所不及的定居社会，像阿富汗、索马里、中东和非洲的部落地区，父权仍非常强大，并且是维持基层社会秩序的主要力量。

父权的常见表现有：对家庭财产的控制，尽可能延迟分家，控制子女婚姻，以及社区内的老人政治（gerontocracy）；因定居而产生的财产权，是家长执行父权的强大工具，爱尔兰传统社会的家长，会将财产牢牢控制在手里，即便子女都已成家也不分割家产；一些非洲部族的家长更夸张，当家庭财富增长时，优先用于为自己娶更多妻子，生更多孩子，而不是资助成年子女结婚成家（因而多妻往往与强父权相联系）。

这种做法发展到极致时，老男人们几乎垄断了娶妻机会，在非洲班图语民族（例如西非的约鲁巴人和豪萨人、肯尼亚的康巴人）的许多部落中，父权高度发达，多妻制盛行，男性在熬到 40 岁前很难娶到妻子，而十岁出头的年轻女孩常常被嫁给五六十岁的老头；贾瑞德·戴蒙德在检查了大量人类学材料后发现，此类现象在传统农牧业定居社会中十分普遍。

其中原理，我们从进化生物学的亲子冲突（parent—offspring conflict）理论的角度可以看得更清楚：尽管父母和子女很大程度上有着共同利益，但两者利益仍有重大区别，父母希望在各子女间最优分配家庭资源，以便总体上最大化繁衍成效，而每个子女都希望更多资源分给自己这一支，所以不希望父母生太多孩子。

强大的父权改变了亲子冲突中的力量对比，压制了子女需求中偏离父亲愿望的部分，而且宗族组织的发展又强化了这一父权优势：原本，父代的多子策略高度受限于本人寿命，当预期寿命不够长时，继续生育意义就不大了，因为失去父亲保护的孤儿很可能活不到成年，但有了宗族组织，孤儿就有望被亡父的兄弟、堂兄弟和叔伯收养，甚至得到族内救济制度的帮助。

将亲子冲突理论稍作扩展，可以让我们更好地理解家长制和部落老人政治：个人在家族树上所居层次（俗称辈分）越高，其个体利益与群体利益的重合度就越高，因而长辈总是比晚辈更能够代表群体利益，他们之间若能达成紧密合作，便有望维持群体和谐，并获得集体行动能力，而同时，因为长辈间亲缘更近，长期熟识的概率也更高；因而紧密合作也更容易达成。

父权和家长联盟为扩大父系群提供了组织手段，不过，若仅限于此，群体规模的扩张将十分有限，因为家长联盟的规模本身受限于邓巴数（实际上只能是邓巴数的一小半，因为家长们还有其他熟人）；若要继续扩张，要么让每位家长控制更多成员，要么让家长联盟发展出多个层级，无论哪种安排，高层联盟中的每位成员都将代表一个比扩展家庭更大的支系。

问题是：谁来代表这个支系？假如寿命足够长，一位曾祖父便可代表四世同堂的大家族（比扩展家庭多出一级），但活着的曾祖父太少了；一种解决方案是选举，事实上，部落民主制确实存在于一些古代社会，另一种是让长支拥有优先权，比如周代的宗法制，让长支（大宗）对幼支（小宗）拥有某些支配权，并作为族长代表包含二者的上一级支系；于是就产生了一个三级宗族结构，理论上，这样的安排可以无限迭代，从而产生任意规模的宗族，而同时，每一层级的合作圈都限于几十人规模，因而每位家长或族长需要与之保持长期紧密合作关系的人数，也都限于邓巴数之下。

但实际上，组织能力总是受限于交通、通信和信息处理能力等技术性限制，还有更致命的是，委托代理关系和逐级控制关系的不可靠性。随着层级增加，上层族长越来越无法代表下层支系的利益，也越来越难以对后者施加控制。经验表明，具有某种集体行动能力的多级宗族组织，规模上限大约几千，最多上万。

在古代中国，每当蛮族大规模入侵、中原动荡、王朝崩溃、帝国权力瓦解之际，宗族组织便兴旺起来，聚族自保历来是人们应对乱世的最自然反应，古典时代之后的第一轮宗族运动，便兴起于东晋衣冠南渡之时；如果说第一轮运动主要限于士族大家的话，南宋开始的第二轮运动则吸引了所有阶层的兴趣，家族成员无论贫富贵贱都被编入族谱。

和聚居村落的结构布局一样，宗族组织的紧密程度和集体行动能力同样显著相关于所处环境的安全性，在华南农耕拓殖前线，或者国家权力因交通不便而难以覆盖的地方，宗族组织便趋于发达和紧密；人类学家林耀华描述的福建义序黄氏宗族，血缘纽带历二十多代六百多年而不断，到20世纪30年代已发展到15个房支，每房又分若干支系，各有祠堂，从核心家庭到宗族，共达七个组织层级，总人口近万。

类似规模的宗族在华南比比皆是，在宗族之间时而发生的大型械斗中，双方常能组织起上千人的参战队伍，可见其规模之大，行动能力之强；华南许多宗族部分地

从福建迁入江西，又从江西迁入湖南，但许多迁出支系
与留在原地的支系之间仍能保持定期联系。

在许多古代社会中，宗族以外的组织很少得到充分
发育（欧洲是个显著例外），因而宗族被用作各种事业
的组织基础，所以，不仅是拓殖前线的农民，任何对紧
密合作、高度信任和大规模集体行动存在强烈需求的场
合，宗族组织都会得到强化；徽州商人加强宗族组织以
实现远距离贸易，明清两代珠江三角洲的沙田开发浪潮
中，宗族也起了关键作用，因为新沙田往往远离聚居点，
易受侵犯，需要组织大量人力进行护卫，而且最初几年
是没有回报的，最近几十年浙南地区的宗族复兴，也与
当地人积极的商业活动密切相关。

共同祖先记忆、父权、家长制、族长会议、大型宗
族组织，这些由扩大父系群的种种努力所发展出的文化
元素，不仅为定居社会的最初大型化创造了组织基础，
也为此后的国家起源提供了部分制度准备，父权和族长
权，是早期国家创建者所倚赖的诸多政治权力来源之一；
当然，父系结构的扩展只是社会大型化的多条线索之一，
要建立起数十上百万人的大型社会，还有很长的路要走，
还要等待其他许多方面的文化进化。

## 4 婚姻黏结剂

通过组织宗族和强化父权而扩展父系继嗣群，终究会因亲缘渐疏和协调成本剧增而遭遇极限，西非约鲁巴宗族社区和华南众多单姓村显示了，其规模最多比狩猎采集游团高出一两个数量级（几百到几千人），若要组织起更大型社会，便需要借助各种社会黏结剂，将多个父系群联合成单一政治结构，而婚姻是最古老也最常见的黏结剂。

婚姻的黏结作用，在前定居社会便已存在，列维－斯特劳斯发现，相邻的若干继嗣群之间建立固定通婚关系，以交表婚之类的形式相互交换女性，是初民社会的普遍做法；持久通婚维系了群体间血缘纽带，促进语言上的融合，共享文化元素，让双方更容易结盟共同对抗其他群体，即便发生冲突也比较容易协商停战，所有这些，都有助于它们建立更高一级的政治共同体。

此类固定结对通婚关系广泛存在于澳洲土著和北美印第安人中，一个显著特点是，它是群体本位而非个体本位的，缺乏定居者所熟悉的从个体视角出发的各种亲属称谓，有关亲属关系的词汇，所指称的都是按继嗣群（或曰氏族，常由图腾标识）、性别和辈分三个维度所划分出的一个组别，婚姻必须发生在两个特定组别之间。（这种模式常被错误的称为"群婚制"，实际上，其中每桩婚姻都发生在男女个体之间，并非群婚。）

典型的做法是，两个父系群结对通婚，澳洲西北阿纳姆地的雍古人（Yolngu），20个氏族分为两个被人类学家称为半偶族（moiety）的组，每个半偶族的女性只能嫁到另一个半偶族；这确保了夫妻双方的血缘不会比一级表亲更近；周人姬姓与姜姓的持续频繁通婚，或许也是此类安排的延续；不那么系统化的交表婚则更为普遍，几乎见于所有古代社会。

以此为基础，还发展出了更复杂的结对安排，比如西澳的马图苏利纳人（Martuthunira）采用一种双代交替的半偶族模式，运作机制如下图所示：

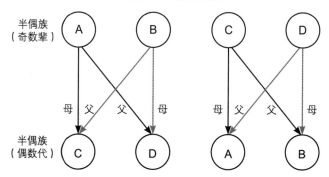

双代替分组结对通婚模式

每个半偶群的奇数辈和偶数辈又分成两个组,一个半偶群的奇数辈,只能和对方的奇数辈婚配,这样就把婚姻限制在了同辈之间,避免了娶到姨母或外甥女的可能性;这同时也起到了拉远夫妻血缘的效果,因为交表兄妹的亲缘系数比舅甥或姨甥小了一半;周人宗法制中的昭穆轮替标记法,或许也有类似用意。

为将更多单系继嗣群拉进固定通婚关系,从而扩大内婚群的规模,有些族群还采用了一种单向循环通婚圈,例如缅甸山区从事游耕的克钦人(Kachin)和苏门答腊以种植水稻为生的巴塔克人(Batak),由三到六个父系群组成循环圈:A 群男性从 B 群娶妻,B 从 C 娶,C 从 A 娶;这种安排不仅进一步拉远了夫妻血缘,也提升了内婚群的遗传多样性。

结对通婚关系促进群体间合作的效果十分显著,雍古人活动范围内的各种自然物——土地、河流、鱼种、山岩,等等——都被赋予了和某一半偶族相同的名称,这显然是两组群体就共同领地内自然资源分配所达成的一种协调,而这一成就是在完全缺乏高级政治结构的条件下实现的。

也正是借助循环通婚圈,克钦人才可能在文化和种族成分极为复杂的横断山区建立多种族复合社区,在埃德蒙·利奇(Edmund Leach)调查的一个 500 人社区(帕朗)中,六种语言并存,仍可维持大致和平,对外关系中还表现出了相当的团结性。

然而正如澳洲土著的经验所显示，固定通婚关系本身并不能带来高级政治结构，而充其量只能产生一个文化共同体，即有着粗略地理边界、较强血缘纽带、具有一定文化同质性的血缘/文化群（ethnic group），澳洲人始终缺乏游团以上的部落结构，因而澳洲也是唯一一个英国殖民者未能与当地土著达成土地协议的殖民地，因为根本找不到适当的谈判和签约对手。

若要借助婚姻黏结剂建立更大社会，还需要父系群本身的升级改造（如我在上一篇所述），以及群内的等级分化和政治权力的崛起，这一点，我们需要从群体角度转到个体角度才能看清。

在一个缺乏人身与财产权普遍保护，离开熟人小群体便毫无安全可言的霍布斯世界，姻亲关系对个人利益极为重要；当你在群体之外寻求合作与帮助时，它常常也是唯一可依靠的来源；当你为狩猎、作战，或采集某些重要材料（比如石料或盐），或从事交易，或战败逃亡，而需要穿越相邻群体的地盘时，若在该群体中无人为你提供担保和庇护，是极其危险的；所以，在霍布斯世界，陌生群体间的商品交易普遍采用"沉默交易"的方式，以避免与陌生人近距离接触。

姻亲是个人将其互惠合作网络延伸至群体之外的主要途径，重要的是，它带来的一些合作关系是群内合作所无法替代的，包括：拓宽安全活动范围和信息来源、饥荒时的求助对象、发生群内冲突时的临时避难所、交易对象、与第三方建立合作或交易关系的中间人或担保人，等等。

马林诺夫斯基在其名著《西太平洋的航行者》中描述的特罗布里恩岛民的库拉圈交易是个很好的例子。分布在方圆数百英里海域数十个岛屿的居民中，存在一个奇特的双向礼物流动圈，该圈每一环由来自不同群体的一对成员结成，在专门为此而举行的定期聚会上，双方隆重交换礼物——臂镯和项圈，用于仪式性场合上佩戴——两种礼物总是朝相对方向流动，有数千人卷入这一交换活动。

乍看起来，库拉交换纯属仪式，毫无实用价值，其实不然，正是这种仪式性交换，为结成库拉对的两个人创造了定期拜访对方社区、参与其聚会和双方友好交往的机会。在库拉交换中拜访对方的人，都会随船携带一些实用商品用于交易，与我们主题有关的要点是：一个人的库拉伙伴通常都是他的姻亲，比如妻子的兄弟。

看上面的介绍，你可能会觉得这些群体和睦友好，实际上并非如此，库拉关系只是让群体间交往能够发生（否则根本无法和平接触），但平时关系仍然充满敌意和恐惧，远远谈不上友好；为了克服恐惧、确保自己不受对方伤害，拜访者在整个交易旅程中会施行大量巫术，一位土著对人类学家如此描述其即将拜访的库拉伙伴：

> 多布人没我们这么好；他们凶恶，他们是食人族！我们来多布时，十分害怕。他们会杀死我们。但看到我们吐出施过法术的姜汁，他们的头脑改变了。他们放下矛枪，友善地招待我们。

当拜访船队接近对方岛屿时，他们反复念诵类似这样的咒语：

> 尔之凶恶消失、消失，噢，多布男人！
> 尔之矛枪消失、消失，噢，多布男人！
> 尔之战争油彩消失、消失，噢，多布男人！
> ……

另一个故事则说明了在这种恐惧氛围中，拥有库拉伙伴的价值：一个叫 Kaypoyla 的男人，航行中搁浅于一个陌生岛屿，同伴全部被杀死吃掉，他被留作下一顿美餐，夜晚侥幸逃出，流落至另一个岛上；次日醒来时发现自己被一群人围着，幸运的是，其中一位是他的库拉伙伴，于是被送回了家。

在特罗布里恩，一位酋长的地位很大程度上体现在众多妻子（常多达十几位）带给他的庞大姻亲网络上，通过与妻子兄弟们的互惠交换，他能够积累起显示其权势的庞大甘薯库存，姻亲网络也让他在库拉圈中地位显赫，普通人一般只有几位库拉伙伴，而酋长则有上百位；人类学家蒂莫西·厄尔（Timothy Earle）也发现，在部落向酋邦的发展过程中，酋长们建立其权势地位的手段之一，便是通过精心安排婚姻来构建姻亲网络。

对于社会结构来说，重要的是，姻亲关系的上述作用，被宗族组织和父权成倍放大了，并且反过来强化了后两者；若没有紧密的宗族关系，一位男性从一桩婚姻中得到的姻亲数量就十分有限：岳父加上妻子的兄弟；但宗族的存在使得婚姻不仅是一对男女的联合，也是两个家族的联合，随着繁复婚姻仪式的逐步推进，双方众多成员的关系在一次次互访和聚宴中全面重组，并在此后的周期性节庆聚宴上得到反复强化，这也是为何在具有宗族组织的社会中，婚姻和生育仪式发展得那么繁杂隆重。

类似的，假如没有强父权，男性从婚姻中得到的姻亲数量，便主要取决于妻子数量，而在高度平等主义的前定居社会，多妻较少见，而且妻子数较平均（但也有例外，比如澳洲，但那里的高多妻率同样伴随着强父权和老人政治），但父权改变了姻亲性质，在控制了子女婚姻之后，长辈取代结婚者本人而成为姻亲关系的主导者，这样一来，一位男性能够主动建立并从中获益的姻亲关系，便大大增加了。

宗族和父权不仅拓展了个人发展姻亲的潜力，而且拉大了个体之间和家族支系之间社会地位的不均等；在游团一级的小型简单社会中，尽管个体境遇和生活成就也有着巨大差异，但这差异最终主要表现为后代数量，很少能积累起可以传给后代的资源；而现在，由于宗族使得姻亲关系成为两个家族的广泛结合，因而这一关系网成了家族支系的集体资产。同时，由长辈安排子女婚姻，使得这一资产具有了可遗传性，这就好比现代家族企业在晚辈接班时，长辈会把整个商业关系网络连同有形资产一起传给他。

借助长辈所积累的资源，成功者的后辈从人生起步时便取得了竞争优势，这便构成了一种正反馈，使得父系群中发达的支系愈加发达，最终在群体内形成地位分化；这一分化也将自动克服我在上一篇中指出的父系群扩张所面临的一个障碍：当家长联盟向更高层次发展时，由于共祖已不在世，由谁来代表更高级支系？很明显，拥有压倒性权势的支系家长更有机会成为族长。

当若干相邻群体皆发生地位分化之后，权势家庭之间便倾向于相互通婚，并逐渐形成一个上层姻亲网络；这个圈子将带给其成员众多优势：从事甚至垄断跨群体的长距离贸易，在冲突中获得权势姻亲的襄助，影响联盟关系使其有利于自己；经过代代相袭，权势强弱不再只是个人境遇的差别，而成了固有地位，权势家族逐渐固化成为一个贵族阶层。

和族长联盟一样，权贵姻亲联盟也可将若干群体连结为一个政治共同体，但效果更好；由于血缘随代际更替而逐渐疏远，单系群不可避免处于持续的分支裂变之中，相反，姻亲关系则可以每代刷新，保持亲缘距离不变；成吉思汗的儿子们还能紧密合作，孙子辈就开始分裂，但还勉强能召集起忽里勒台，到第四代就形同陌路了，原因之一就是从第三代开始都与当地贵族通婚，一旦定居下来，蒙古征服者很快丢失了自己的语言和文化。

阿兹特克的例子演示了姻亲联盟在维系一个大型共同体时是如何起作用的；阿兹特克由数百个城邦组成，其中三个强势城邦联合成为霸主，垄断城邦间贸易，并向各邦索取贡赋，国王一般与友邦王室通婚，并通常将其正妻所生嫡女嫁给友邦王族或本邦高级贵族，而将庶女嫁给较低级贵族或有权势的家族首领。类似的，贵族在本邦同侪中通婚，也将庶女嫁给有权势的平民，或战功卓著的武士，相比之下，下层平民的婚姻则限于所居住社区，每个社区由若干家族构成内婚群。

这样，在社会等级结构的每个层次上，国王或贵族通过正妻和嫡子女的婚姻而构建了一个维持该层次统治阶层的横向姻亲联盟，而通过庶妻和庶子女的婚姻则构建了一个纵向姻亲网络，将其合作关系和控制力向下延伸；如此便搭建起一个组织紧密的多层次政治结构，其中每个层次上的姻亲网络有着不同的覆盖范围，因而其合作圈规模皆可限于邓巴数之下。

类似景象在前现代欧洲也可看到，王室在全欧洲联姻，贵族在整个王国通婚，而普通人的婚嫁对象则很少越出邻近几个镇区；汉代中国权贵家族之间的持续通婚也造就了一批豪门世族，到魏晋时期发展为门阀政治，十几个世族几乎垄断所有高级职位，一度发展到与皇族"共天下"的程度；南方世族在侯景之乱中遭毁灭性打击，但在北方又产生了一批新世族，并一直延续到唐代，直到后来科举成为主要的社会上升通道，世族才被科举带来的流动性所打破。

为遏制贵族势力，唐高宗曾诏令禁止声望最高的七大世族（七姓）相互通婚，但毫无效果，七姓反倒因被朝廷公开点名而更抬高了声望和在婚姻市场上的身价，一份对唐代博陵崔氏婚姻关系的研究发现，92桩有据可查的婚姻中，48桩以七姓中其他六姓为对象，27桩以当时29大旧世族中其余22家为对象，世族内婚率高达82%。

一旦社会上层形成一个高度封闭的通婚圈，那么对于中下阶层的青年，设法挤进这个圈子便成了沿社会阶梯向上爬升、接近权力、获取政治与商业机会的主要通道（有时甚至是唯一通道）；可是因为他们原本不在这个圈内，要挤进去必须依靠其他优势——财富、智力、才华、美貌等——来弥补。

以社会地位之外的其他优势换取进入上层通婚圈的婚姻安排，被人类学家称为高攀婚（hypergamy），它构成了一种筛选和抽吸机制，让上层能够不断从下层汲取财富和优秀个体（以及他们所携带的遗传优势），这就使得贵族阶层始终能维持甚至扩大其资源与个体禀赋优势，并以此巩固自身的权力与地位。

得益于阶层分化，婚姻为多层社会同时提供了横向和纵向的黏结纽带；然而，支撑一个大型社会所需的政治结构还需要更多黏结剂，在后面的文章里，我将讨论另外几种。

## 5 青春的躁动

　　如我在第二篇里描述的，由人口压力提升所带来的资源退化前景，迫使人们将原先处于无主公地状态的自然环境和动植物种群圈占为私属领地和畜群，进而（在有些社会）转变成私人财产，同时社会也完成了定居化，而定居带来的固定相邻关系为持久可靠的合作与联盟创造了条件，加上父权、宗族和通婚联盟等组织元素的发展，使得众多相邻小群体能够结成一个较大规模的社会。

　　然而所有这些改变，都不会消除最初推动它们的基本力量——人口压力，如果社会找不到解决人口压力的出路，它迟早会因内部冲突激化而解体，当大批年轻人分不到土地或畜群，或土地越分越小难以再养活一家人时，当他们因没有财产而无望娶妻成家时，就会成为一股破坏性力量；极端父权让问题变得更严重，老人们牢牢霸占着财产和性资源不肯放手，让年轻人更加绝望。

　　一种可能出路是对年轻人施以高压，削弱其战斗力，甚至推迟其性发育（如果有办法的话），或干脆将其中大部分阉割了，这样他们就失去了追逐个体利益的动机，可以无私的服务于家族或群体的利益，果真朝这方向发展的话，人类社会就会变得像真社会性昆虫巢群那样团结一致了。

但这不是条好出路，因为人类的群体间战争太激烈，每个社会都需要好战士；实际上人们找到的出路是：对年轻人因资源（生存资源和性资源）匮乏而造成的不满与躁动加以约束和强化，并将其引向外部，原本会危及群体内部和谐的资源竞争压力，若能得到控制和驾驭，反而变成了群体的战争优势。

产生如此效果的一种组织形式，是盛行于非洲部落社会的年龄组（age set），它是这样一种制度：所有男性按年龄和资质被分入依次相继的五六个组别，这些组大致可归为四个阶段：未成年、战士、长老、隐退者，其中战士和长老还常分为新晋和资深两组；各组在发型、服饰、文身、彩绘等身体装饰上有着显著区分，在社会分工中承担不同任务，有着各自的社会地位和相应的义务，遵循不同的社会规范。

每隔若干年（短则六七年，长则十几年），当长老们决定晋升一批新战士时，符合条件者便在经历一系列仪式和品质考验之后，升入上一组；对于个人，最关键的两次晋升是经由成年礼而成为战士，以及从战士晋升为长老，前者意味着被共同体接纳为有用一员，而后者往往与结婚成家的权利联系在一起，并在公共事务决策中拥有发言权。

非洲成年礼的核心是割礼，其过程极为痛苦，远不像现代医学条件下的包皮环切术那么轻松，接受割礼的男孩，不仅不许挣扎、呻吟、眨眼、扭头，还要长时间忍受众人刻意营造的恐怖气氛：（据一部自传的描述）在仪式临近前几天，前辈们就不断渲染割礼有多痛苦难熬，施礼当天早晨，男孩被一桶冰水浇头；接着，父辈谆谆教诲割礼有多重要，母亲手执棍子随时准备在他表现出怯懦时给予痛打，兄弟们以几近辱骂呵斥的口吻大声质疑他能否经受住考验，姐妹们则在一旁紧张地走来走去，担心着兄弟的怯懦会影响自己未来嫁个好丈夫；割礼所留下的伤疤，往往要过三四个月才完全愈合。

也有些成年礼不是割礼，但同样痛苦，比如南苏丹努尔人（Nuer）的额部切割：顺着抬头纹的路线，从左耳到右耳，切出六道深入额骨的切口，切口之深，从挖掘出的遗骸头骨上都能看到。

从非亚语系的奥罗莫人（Oromo），到尼罗—撒哈拉语系的马赛人（Maasai），到尼日尔—刚果语系的祖鲁人（Zulu），年龄组制度的传播横跨非洲三大语系，如此广泛的流行，表明它作为一种社会组织工具大概颇有成效，才会被众多民族所效仿；它在畜牧和农牧混业社会尤为盛行，可能是因为牧场的边界比耕地更不稳定，更容易随时受侵占，畜群也容易被偷盗和抢夺，所以这些社会有着更为频繁的小规模冲突；相比之下，要夺取一块耕地则必须发动一场全面战争，而不是一伙年轻人持续不断地小打小闹。

年龄组在实践中有很多变化，最重要的区别是对各组成员所施加的约束，强弱十分不同，处于光谱最弱一端的是努尔人，他们的年龄组最松散，大致是一种区分尊卑和声望的标志，功能上有点像军衔，其约束力限于社交和仪式性场合，比如节庆宴会上某人该坐在什么位置，或者两个陌生人相遇时，是该平等相待还是尊卑有别，它带给群体的组织功能也是最弱的。

肯尼亚的马赛人则处于光谱另一端，男孩一旦晋升为战士，便离开所在家庭，和同组兄弟集中居住在村外的专属营地里，并开始接受资深战士的训练，担负起保卫社区的责任，包括巡视领地边界、寻找新牧场（特别是在旱季来临之前）、击退盗牛团伙、对外发动盗牛突袭、猎杀领地内危及牲畜的食肉动物（主要是狮子——有人因此误以为猎杀狮子是成年礼的一部分，其实那只是新晋战士迅速建立声望的多种方法之一），等等。

年龄组对马赛男性施加的最重要约束是：战士不可以结婚，也被禁止与任何已接受割礼的女孩交往，只有在晋升为长老之后，才能回到原先的家族，并娶妻成家；由于两次新战士招募之间通常相隔15年，而接受成年礼的年龄下限大约 14 岁，所以，晋升长老时至少已经 29 岁，运气差的话（比如 13 岁时刚好错过一次招募）已接近 45 岁。

这显然是一种严酷的老人统治，通过禁止年轻男性结婚，并赋予其最危险的任务，老人们降低了自己面临的资源竞争（包括性资源）；与普通的家长制和宗族老人政治不同的是，通过强化同龄合作，长老组将家长权威集体化了，因而可以更有效地压制年轻人的反抗，而同龄合作的强化，恰恰又得益于同组长老早年在战士组中长达十五年的共同居住和集体行动经历。

长期合作所建立的兄弟情谊可以达到这样的程度：同组伙伴（age mate）被认为应该分享任何东西，甚至是妻子，当伙伴来访时，主人会在晚上让出他的茅屋，让妻子和来访者自己决定是否一起过夜。

可是长老们如何压制晚辈的反抗呢？要知道，刚刚经历了成年礼的新战士，大多处于好斗而危险的青春期，正是制造骚乱和挑战权威最积极的叛逆阶段，青春期躁动带来的高犯罪率也是每个现代社会面临的一大麻烦，在所有社会中，15—19 岁总是暴力犯罪率最高的年龄段，而且远远高于其他年龄段。

青春期躁动并非由性发育所附带的有害副产品，它有着明显的适应性功能，暴涨的雄性激素只是执行这些心理功能的媒介。首先，群体内年轻人以一种（相对于真实战争）低烈度的、代价较小的对抗，来展现各自实力与个性，排出啄序，最终取得内部和谐而成为具有一致行动能力的战斗团队，同时也完成了对立阵营的划分；然后，在组建成形的团队内激发集体主义热情和对敌对阵营的仇恨，从而驱动真正的战争行动。

在一个存在地位分化的群体中，青春期的少年需要为自己在即将进入的社会竞技场中争得一个有利位置，在努力拼争过之前，一切可能性都是开放的，即便在那些社会阶层因继承权和阶层内婚倾向而高度固化的社会，每个阶层内部也有着一个个小阶梯，而躁动正是地位拼争的表现，它经常以各种分组对抗和模拟战争游戏的方式进行；在此过程中，谁将成为领袖，谁更适合做追随者，便自然有了结果，当然也有一些会成为独狼，但在大型社会所支撑的精细分工出现之前，留给独狼的生态位并不多。

地位拼争引发的躁动就像把一群陌生母鸡刚刚放到一起时所引发的频繁啄击一样，等到啄序确立下来，就相安无事了；正因此，在那些高度平等主义、缺乏地位分化的小型狩猎采集社会，比如卡拉哈里沙漠的桑人（San）游团中，躁动表现要轻微得多，因为既然没有明显地位差别，也就没啥好争的。

青春期躁动的一个显著特点是叛逆。有不少人以为，这种叛逆是出于个体独立和个性发展的需要，这实在是大错特错，恰好相反，躁动中的年轻人最缺乏个性，最集体主义，最喜欢跟风和盲从，对自己所追随的明星权威也最为俯首帖耳、亦步亦趋（不过被追随的明星当然很乐意告诉粉丝：你们是在追求个性与独立）；叛逆只是一种摆脱由家庭出身所给定的等级结构的努力，针对的是家长权威，通过叛逆，他们为自己找到新权威，在新的等级结构中找到适合自己的位置，并完成社会关系的重组。

实际上，躁动青年的集体主义和跟风盲从正是实现躁动之适应性功能的关键所在；尽管人类有了许多社会性，但和蚂蚁蜜蜂相比，基本上还是一种个人主义的动物，这一点在其他方面不是问题，可是在战争中却是致命缺陷，面对死亡，所有在其他合作关系中起作用的激励因素都可能失效；如何防止团队成员临阵脱逃，或自私地把危险留给战友，让他们不惧死亡，团结得像一个人那样，这问题在个人主义前提下几乎不可能解决。

但我们祖先似乎找到了办法，或许是经由群选择，人类发展出了一套专门用于战争的心理机制，当它被激活时——或用社会心理学家乔纳森·海特（Jonathan Haidt）的话说，当头脑中的蜂巢开关（hive switch）被打开时，人们会突然进入一种集体狂热状态，变得无私、忘我、积极、团结、不怕死——这些正是躁动青年在集体活动场合（比如演唱会和足球场上）的典型表现，也正是战场上所需要的状态。

上述机制将服务于青春躁动的第二项功能：争夺资源；当所有关键生存资源——土地和畜群——都已被瓜分占有时，年轻人在成家之前必须为自己准备一份产业，如果无法从长辈那里分得——在强父权、有产者多妻多育的条件下，这一希望十分渺茫，就只能自己去拼得一份：抢夺牲畜，为牲畜争抢牧场，若实在凑不齐彩礼，连配偶也要靠抢，此时，在躁动第一阶段中结成的战斗团队就派上了用场。

在东非畜牧社会，盗牛突袭（cattle raiding）极为盛行，年轻人的第一群牲畜大多是靠发动突袭抢来的；一个著名例子是肯尼亚的卡伦津人（Kalenjins），他们是全世界最优秀的长跑民族，在过去三十多年中，这个只有四百多万人口的民族赢得了全部世界级长跑比赛中大约40%的奖项；并非巧合的是，他们曾经也是东非最杰出的盗牛者，为了寻找突袭目标，常常连续奔走一百多英里，一旦得手，又要赶着牲畜快速逃离。

对于长老们，重要的问题是如何控制驾驭这股由资源竞争压力推动的躁动力量，以免危及自身权威，并破坏群体和谐，毕竟，晚辈的困境部分是他们强化父权的结果；年龄组和成年礼便是被设计来解决这个问题；通过一系列精心安排的震慑性仪式，让年轻人从切肤之痛中感受到长老们所代表的共同体传统与秩序的威严，认清自己在啄序中的位置，以及未来向上爬升的出路所在。

类似成人礼的机制普遍存在于各种需要人为排定啄序的组织机构中，大学里老生仪式性欺负新生，军队中老兵考验新兵，秘密会社的残酷入会仪式，监狱里对新来囚犯的凌虐，往往都是极具羞辱性和虐待性的，排定啄序的用意昭然若揭；极度夸张的闹洞房习俗，或许也是出于类似心理，因为结婚和成年一样，也是社会地位的一次重大晋升。

年龄组制度的妙处在于，它同时解决了这些社会面临的几大组织问题：

1. 通过深化年龄段之间的垂直不平等，得以在维持个体间和家族支系间平等的条件下，控制当权集团的规模——这意味着同等规模的当权集团能够管理更大型的社会；

2. 通过细分年龄组，并在各组间实行社会分工，从而将每类公共事务上所需要的紧密合作圈子的规模限制在邓巴数之下；

3. 通过另辟战士营地并建立军事化集体生活，将战士组升级成了真正的战争团队，为其成员日后成为当权长老时继续保持紧密合作创造了条件；

4. 通过强化辈分等级和长老权威，将冲突压力引向外部，由于晚辈在家长去世前无望分到大额家产，不得不在群体外部寻找机会，积极发动袭击，特别是盗牛袭击；

5. 让年轻组别承担主要战争任务，使得死亡率分布向低年龄段偏移，从而降低每个晋升环节的竞争压力。

基于这些组织优势，许多非洲畜牧和农牧混业社会建立起了部落和部落联盟一级的政治结构，人数可达数千和数万人，若辅以选举制从而组建更高层次联盟，更可达到数十上百万人的规模。

奥罗莫人于 16 至 19 世纪间在埃塞俄比亚建立的嘎达（Gadaa）体制或许展示了它的极限能力，这是个三级共同体，其最高层酋长会议鲁巴（luba）由各支系选举产生，任期八年——也就是奥罗莫年龄组的间隔年数，在较低层次上，资深长老组直接实施集体统治；有意思的是，奥罗莫人每过八年招募新战士组时，都要发动一场对外战争，此类战争还专门有个名字叫 butta，从 1522 年到 1618 年共发动了 12 场 butta，正是这一点最好地揭示了这项制度的功能所在。

年龄组所带来的战斗力，从祖鲁王国的崛起中也可窥见一斑，祖鲁军队的基本作战单位因皮（Impi）的前身便是战士组，受所在部落长老和酋长的支配，服务于部落利益；后来，得益于其前辈丁吉斯瓦约（Dingiswayo）在数十个部落组成的联盟中所建立的霸权，祖鲁王国的创建者沙卡（Shaka）在持续不断的征战中逐渐强化了对这些战士组的控制，最终通过打散部落编制而消除了其部落身份，成为直接服务于祖鲁国王的国家军队。

作为一种军事组织，年龄组的痕迹甚至在罗马军团中也可看到，早期罗马军团的步兵基本作战单位是一个四排阵列，每排由一个 120 人小队构成 20×6 的小矩阵，这四排由前至后分别由少年兵（velites）、青年兵（hastati）、壮年兵（principie）和老兵（triarii）组成；如此排阵的结果，无疑也是越年轻的士兵死亡率越高（少年兵或许是例外，他们虽然冲在最前面，但以投掷标枪为主，并不近身接战）。

或许并非巧合的是，罗马（至少在早期）也是实行民主选举的平等社会，而且，直到公元前 1000 年左右的青铜时代晚期，古拉丁人仍以畜牧为主业，以季节性移牧（transhumance）方式过着半定居生活。

# 6 武人的兴起

定居农业出现之前，所有成年男性都是战士，但没人将打仗作为谋生之道，因为战争或暴力攻击虽可能带来各种利益——战利品、个人声誉、女人、消灭资源竞争对手，等等，却无法为个人提供经常性收入或可靠生活保障，所以当时并不存在一个职业武人阶层，社会分工充其量只是在性别与年龄段之间发生。

但定居农业改变了这一状况，畜群和粮食成了可供持续劫掠的资源，有望为劫掠者提供持久生活来源，从而使得战争成为一种有可能赖以为生的职业；可以说，农耕和畜牧创造了一种新的生态位，吸引一些人逐渐将生计建立在此之上；对于有着长久狩猎历史的人类，这一生态位并不太陌生，农牧群体的生活资料只是另一种猎物而已。

不过，该生态位起初并不十分诱人，因为人类毕竟是最可怕的动物，几万年前便已占据了食物链顶端，从他们口中夺食太危险了，而且人类有着强烈的复仇倾向，被攻击，特别是亲友被杀之后，无论是个人情感还是社会规范，都要求人们实施报复；但劫掠机会的持续存在，激励着一代代劫掠和反劫掠者不断开发新的战争技术和组织方法，同时，凭借地位分化和财富积累所带来的优势，最终将战争变成了一种可持续的生计模式。

首先是武器的发展，早先的武器十分简陋，而且制作材料都是分布广泛、容易获得的石料、竹木、骨料、皮革和贝壳，尽管有些材料（比如黑曜石）需要从远处交换而来，但价格也相当便宜，所以每个人都有能力为自己制作和装备与别人质量效力相当的武器；但随着金属武器、盔甲、复合弓、马匹、车辆、大型船只的出现，普通个人越来越难以负担一套足以和资源条件优越者抗衡的像样装备了。

丹麦日德兰半岛的新石器时代晚期古日耳曼遗存中，最常见的武器是一种石制匕首，数量极多，几乎每个墓葬和房屋遗址中都有几把，当地农民在犁地时还经常翻到；然而在进入青铜时代早期之后，主要武器变成了青铜剑，它们仅见于小部分墓葬，而且这些墓葬的位置、形式和随葬内容，皆与其他墓葬有着显著区别。

更有意思的是，这些铜剑多数安装的是朴素剑柄，且剑刃上可观察到较多砍削所留下的痕迹，但有少数安装了采用失蜡工艺铸造的豪华剑柄，且较少使用痕迹；很明显，拥有青铜剑的武士已有别于普通人，而豪华剑的主人则是地位显赫的权势人物；这一变化的原因不难理解：制造石匕首的燧石材料唾手可得，而青铜剑所需材料则是从数百公里外的南方经由长途贸易而来，其制造工艺也并非人人都能掌握。

波利尼西亚人的传统交通工具是一种带有平衡浮木的独木舟，每个家庭都有能力制造，夏威夷各酋邦的大酋长们为适应战争需要而对其进行了改造，将平衡浮木换成了第二独木船体，并添加了三角帆，成为大型双体战船；在 1779 年 Kaleiopuu 大酋长出迎库克船长的船队旗舰上，装载了 20 位桨手和 40 位战士，另一位大酋长 Peleioholani 拥有的一艘战舰，据说可装载 160 位战士，这样的大型战争装备，显然不是普通家庭所能负担。

在陆地上，马的引入是战争向重型化发展的一大转折点，马匹本身很昂贵，古代欧洲一匹战马的价格约为一头公牛的 5—10 倍，马对饲料的要求比其他牲畜都高，因而保有成本也高；马具和马车同样昂贵，而且工艺十分复杂，必须由专业工匠制造；中世纪西欧，计算封建采邑的基本单位是供养一位装备齐全的骑士所需土地，平均一千多英亩，大约需要十几或二十几户农民耕种。

重装化继而推动了士兵的职业化和战争活动的企业化，早期希腊城邦的步兵虽然在当时也算相当重装了，但一个殷实的自耕农家庭仍可负担一套由盔甲、圆盾、短剑、长枪构成的步兵装备，然而在骑兵、战车、战船、弩机、投石器等流行起来并展示出其战术优势之后，支撑希腊重装步兵的体制就崩溃了。

我们不妨从投资者或企业家的角度来考虑这个问题：武器成本的提高，使得战争从一个重人力轻资产行业向重资产方向转变，这就让富裕者拥有了额外优势，他们的财力不仅让自己获得更强大的武器，还可以保障材料来源和武器制造能力，为那些贫穷但又渴望获取战利品的人提供装备，换取他们听从自己指挥，展开协调行动，从而组织起一支效忠于自己的队伍。

由于首领拥有分配战利品的权力，让他有了足够的激励采用更多重资产的战争手段，投资建造更为昂贵的战争器具，组织更大规模的劫掠行动；早期维京人在欧洲海岸河口发动的袭击都规模不大，通常只有几十条小船、一两百人，参与者地位也较平等，行动很少受头领节制，但随着易受攻击的沿岸村镇纷纷开始设防，成功袭击所需队伍日益庞大，船只也变得更大更昂贵，到 10 世纪时，袭击队伍常达到上百条船、数千人的规模。

不过，重资产化的发展过程并不是单调的，存在多次起伏：青铜取代石器抬高了资产分量，铁器取代青铜则逆转了该趋势，因为铁分布广泛且无需添加较为稀少的锡，二轮战车带来了另一轮投资浪潮，随后骑兵与复合弓再次逆转趋势；接着是骑兵的重装化和装备了强弓硬弩的步兵之间的轮替，近代早期步枪再次提高了步兵地位，但大型战舰、飞机、坦克、导弹的出现掀起了又一波重资产化……资产与人力在战争中的相对地位时有交替，社会结构也随之在贵族化和平民化之间摆动，然而当我们拉远镜头，自定居以来战争产业重资产化的长期趋势仍然清晰可辨。

对战争从事者来说，财力优势也体现在风险抵御能力上，和农业生产相比，劫掠的机会来得更随机，成败也更难预料，万一身亡家人还可能失去依靠，由富裕者出面组织，便提供了一种保险机制，平时由首领保障食宿，作战时提供武器装备，战死后还可抚恤家人，这对于那些缺少资源的穷人非常有吸引力，这一风险差异，和当代自由职业者与受薪雇员之间的差异一样。

人口压力之下，不乏被这些机会吸引的人，长子继承制下无望得到土地的幼子们、遭遇饥荒的流民、还不起债的债务人、孤儿、被仇人追杀的逃亡者、有特殊技能却无处施展者，都可能选择投奔一位武装首领，成为职业武士，或以一技之长服务于他。

战争可能是人类第一个发展出精细分工的行业，在高强度的竞争中，对立武装争相发展武器、交通、通信、战术、组织结构和情报网络，这些方面对禀赋与技能的要求十分不同，于是首领们努力将各种人才聚集在其身边——战士、工匠、厨师、伙夫、水手、马夫、学者、谋士；为保障重要物资的供应，他们和从事长途贸易的商人保持良好关系，成为其主要顾客，为广泛获取情报，增长见识（当然也是为了娱乐和提高声望），他们热情接待和赞助游走于各地的说书艺人和吟游诗人。

战争的职业化和企业化导致了大量技术创新，实际上，从文明前夕到文明早期，大部分技术创新都是战争向重资产方向发展的结果，直到它们变得足够普及和廉价之后，才被用于容器和农具等和平用途；这些创新离不开有组织私人武装的崛起，试想，假如战争仍像前农业社会那样，以分散自发无组织的方式进行，战利品谁拿到归谁，那就没人会愿意在重资产型的新技术上进行高风险投资。

这些战争企业虽形态各异，但大致都与门客制相类，即由一位首领出资，召集战争所需的各种专业人员，平时由首领提供生活保障，打仗时则听从首领指挥，打赢后由首领分配战利品（或勒索到的保护费）；这样，首领与其追随者之间便建立了一种类似老板与雇员的恩主—门客关系（patronage）。

类似门客制的武装组织广泛存在于各大文明的黎明期，北欧萨迦史诗传颂的英雄，荷马史诗中的英雄和所谓国王（basileus）们，都是拥有众多门客的大恩主，随从或侍卫亲兵组成了其军队，相互间征战不休，争夺霸主地位；恩主经常也是某个部落的酋长，当一位大恩主通过广泛联姻而对若干部落取得压倒性优势，或通过武力征伐而迫使他们向其纳贡，为其效力，超越传统部落的政治结构——酋邦便产生了。

如历史学家阿扎尔·加特（Azar Gat）所指出，类似的演变也发生在凯尔特与日耳曼社会，在波利比乌斯（Polybius）所描绘的公元前 2 世纪北意大利凯尔特人社会中，已经有了拥有大批门客的显赫恩主，但此时这些大人物与其随从之间的关系仍较为平等，每日聚宴畅饮，同吃同住，分享战利品和奢侈品，早期称呼门客随从的词汇也多与"朋友"同源，大人物只是众多战士和战争首领中最富有、最成功、最声誉卓著的那些，社会结构也仍由亲属关系所主导。

然而一个多世纪后，恺撒在《高卢战记》中描绘的情况已迥然不同，门客们对恩主唯命是从，且已转变为常年作战的职业武士，最显赫恩主的私人武装扩张到上万人规模，居住在新近兴起的城镇里，恩主们俨然已成为高高在上的贵族统治阶层，早先的部落平等主义已不复存在。

战争企业的出现是社会结构进化的关键一步，在此之前，所有社会组织都是基于血缘和婚姻关系的，血缘关系是个人无法选择的，姻亲关系虽有选择余地，但也极为有限，你选择与某人结婚，就得到了一整张姻亲网络，而不可能一个个挑选姻亲；但职业武装首领为了配齐各种专业人员，就不得不突破这些限制。

当然，这一突破并非一步到位，从部落向酋邦发展的过程中，最初的武装首领原本可能就是族长，他们以宗族组织作为组建战争企业的起点，同时以招赘、过继、收养、结拜等模拟家族关系来补充族内所缺的人才，这就像有些家族企业尽可能雇用族人，实在不行再考虑外聘一样，毕竟，如何处理家族关系是他们最得心应手的，只有当他们逐渐学会如何挑选、激励和约束外聘者，才会抛弃曾经充当脚手架的宗族结构。

首领们一方面充分利用传统的宗族结构和姻亲网络，同时又大加改造；他们突出强调自己所在家系，并将其直系祖先加以神化，强加给其他支系和氏族，成为社区共同祀奉的神祇，夏威夷酋长们甚至阻止平民记诵家谱，结果平民往往只记得祖父辈是谁，希腊诸神及其谱系似乎就是武装首领们为自己编造家谱的结果：早先的首领几代之后被神化，然后新一代首领又将自己的家谱嫁接上去。

然而，尽管不乏对传统的延续，恩主门客制毕竟是一种崭新的组织，恩主们在网罗门客时，突破了宗族结构和部落边界，在选择与谁合作的问题上，亲缘关系退居其次，专业素养、忠诚勇武、个人友情成为更优先的考虑，更直接的物质报酬和利益算计取代传统互惠关系而成为主要激励来源，亲属义务则被效忠盟誓等契约性义务所取代，战友情谊代替血缘亲情，基于职位的权力代替家长和长老权威……所有这些改变，都是走向专业化所必需，类似于家族企业在去家族化过程中所经历的变化。

这一转变过程从拉丁语中恩主与门客这两个词的词义演变中也可看出端倪，早先的恩主（patronus）一词源自族长（patres），到罗马王国时期这两个词又分别衍生出贵族（patricius）和元老（patres）的意思，与此同时，门客（pietas）一词则衍生为平民阶层（plebeian）；实际上，罗马门客制的遗迹一直延续到帝国时期，并转变为法律和政治上的庇护关系，而门客以养子名义被并入恩主氏族的做法也在贵族中长期流行，许多皇帝都是以养子身份继承帝位的。

自由挑选的专业团队、集中式控制、收益内部化，这些组织模式上的改变，使得社会结构的进化进入了一个主动建构的阶段，新结构不再仅仅通过自发协调而产生，权势人物开始主动创建组织，实施集中式控制，这一转变类似于管理学家钱德勒（Alfred D. Chandler, Jr.）所指出的现代规模化企业取代传统个体商人的过程，企业这只"看得见的手"在局部代替市场配置资源、组织生产、协调供应链，这些武装首领算得上是第一批钱德勒式企业家。

武装组织最初是为了对外发动劫掠，获取战利品，可一旦建立，便成为一股改变社会政治结构的力量；那些频遭劫掠却无力自保的群体，可能会向劫掠者定期缴纳贡赋以换取安宁，或者向其他同类组织纳贡以寻求庇护；同时，存在此类组织的群体，会因其对外劫掠行动而惹来报复，而报复通常会无差别地落在整个群体头上，这样，即便那些并未依附于武装首领的社会成员，也不得不与之建立关系，要么约束其行动，要么寻求其庇护。

此时事情可能朝两个方向发展：假如部落长老们的影响力足够强大，便可将这些武装组织置于自己的控制之下，建立起某种像罗马那样的军事民主；相反，假如武装首领更强大，便可能篡夺原本由长老会议所拥有的部落政治权力而成为专制君主，全面接管部落的公共事务，而其门客就成了他的统治团队。

和现代公司一样，战争企业有着自己的治理结构，因而摆脱了传统部落对血缘关系和文化同质性的要求，这让它能够跨越传统文化边界而建立大型的政治实体，在纳贡关系中，霸主无须处理太多地方事务，被武力捏合到一起的各地方小社会（即原先的部落）之间无须共同的语言、习俗和社会规范，霸主也无须将自己的这些东西强加给它们，唯一需要的是政治上的从属关系，这就大大提升了政治实体的扩张潜力。

但另一方面，这样的政治结构若能长期稳定存在，反过来会创造出新的文化同质性；首领所居住的城镇将因其旺盛的消费能力而发展为文化中心，那里形成的相对高雅的文化将通过婚姻和各成员部落留在那里作为人质的贵族子弟渗透进地方，随着首领权力的巩固，他会指派代理人进入地方社区干预当地事务，由此形成一个层级化的官僚系统，该系统所提供的晋升机会又将吸引各地野心勃勃的青年……

这一过程也孕育了一种新的伦理，它更为个人主义，更看重个人美德和个体间的忠诚，更少宗族主义和部落主义色彩，这些改变在历史进程中造成不可逆的转折，凡经历过这一阶段的社会，此后即便国家崩溃、社会失序，也不会再退回到部落状态，因为维系部落的那些文化元素已不复存在：从罗马废墟中成长起来的，是日耳曼封建制，汉帝国崩溃之后，士族门阀收纳部曲荫客拥兵自保，分食唐帝国腐尸的，则是更少传统色彩的军阀。

## 7 门户与朋党

　　家族是最古老的人类组织，人们对它如此熟悉，对于如何在该组织结构内进行协调与控制，如何展开合作、互惠和利益分配，已积累了如此多经验，所以很自然的，它常被用作建立更专门化组织的基础：由子承父业与兄弟合作而形成的家族企业，由分居若干城市的家族成员相互代理而构成的商业网络，由家族内相互担保、拆借、承兑而组建的金融组织，由族内共同出资、族长会议管理的公益或慈善信托……

　　但家族的组织潜力有其限度，如果组织对其成员的禀赋、技能和专业化程度要求较高，或者需要的人数很多，就很难在族内凑齐所需人力，你无法在一个家族内组织起一支顶尖的管弦乐队，或一家科目齐全的综合医院；历史上，人们曾试图以联姻、过继、入赘、收养、让儿子们分别学习不同技能等方式来突破这一局限，但也走不了太远。

　　一种替代办法是基于师徒关系创建组织，古代的许多专业团体，从学术门派到武术宗派，从政治党派到僧侣团，从手工业行会到帮会，皆沿这条路径而形成；这些组织或从事某种事业，或为其成员进入某个职业领域提供一块跳板，或为追求共同目标创造集体行动能力，或者只是在主流社会之外建立一种特殊的生活方式。

师徒关系是双向选择的结果，因而和族内子弟相比，招收来的弟子在天赋、性格和趣味上更可能与所从事的事业相匹配，且数量上不受生育能力和家族人丁兴旺程度的限制；通过诸如指定或推举掌门人之类的方式，组织同样可以永续存在，假如组织的事业足够成功，或它为门徒创造的出路足够好，其香火可以比家族烧得更旺、传得更久。

门派组织也摆脱了羁绊家族组织的诸多传统义务，家族的血缘纽带在加强组织内聚力的同时，也会将充斥于家族中的亲子冲突、兄弟竞争、妯娌矛盾和支系分裂倾向带进组织，不提拔某个表现平庸的侄子会破坏你和兄弟的关系，不传位给儿子或兄弟会破坏家族内的势力均衡并导致分裂，摆脱这些羁绊后，更有机会让人事安排合理化，确保重要位置为贤能者所占据。

一种常见的误解是，投门拜师的主要甚至唯一目的是学艺，而门派成功的主要原因是掌握某种独门绝技或高深学问，尽管许多门派乐意宣扬这样的故事，并为它染上种种神秘色彩，但实际上，社会资本才是理解门派运作原理和兴衰成败的关键。

当一个人在某项事业上取得广为人知的成就，或以某种技艺或学问而出名，便可能吸引一些对此事业（或技艺或学问）有兴趣的人前来拜师，这起到了一种筛选和聚集效果，将其名声传播半径内有共同兴趣或志向的一群人聚到了一起（当然，前提是他愿意招纳门徒），仅仅这一点——即便师傅什么也不教——就足以为专业化创造良好环境，大学之所以能成为学术中心，也是因为能将有着共同兴趣和才赋的一群人聚到一起。

一旦实现这样的聚集，就为那些寻找相关专业人士来请教问题或帮他做事的人提供了方便，而随着前来求教或招募的主顾增多，门派的专业名声也传播得更广；假如对此类人才的需求足够旺盛，掌门宗师便获得了将其得意门生推荐给主顾的经常性机会，这将大大增强他对未来拜师者的吸引力。

每位推荐出去的学生都有望为门派增添社会资本：他们本身因所担任职位而成为可以求助的对象，他们的出色表现将提升门派的声誉，若身居要职则将带来更多职位推荐机会，供职于各地的同门弟子将构成一个社会关系网络，处于该网络枢纽节点上的人，若善于经营，便有机会将这些社会资本转变为巨大的财富和权力。

春秋战国的诸子百家即是由同门弟子所形成的专业团体，当时列国君权的壮大和相互间的激烈竞争为各种专业服务带来了旺盛需求；同时，随着贵族人口膨胀，可分封土地耗尽，大批无封地但又受过良好教育的贵族子弟开始走出宗法结构，在专业领域发展才能，游走于列国之间，寻找机会，施展抱负。

到战国，传统上由公卿世家世袭垄断的高级职位也逐渐被专家和职业官僚所取代，客卿大量出现，一个流动性的士人精英阶层已蔚然成型，成为正在浮现的华夏共同体之社会舞台的主角；众多专业门类也在此时确立：自然科学与数学（阴阳家与数术家），语言与逻辑学（名家），哲学（道家），历史、政治学与伦理学（儒家），制度与权术（法家），外交与战略（纵横家），军事（兵家），农学（农家），医学（方技家），工程（墨家）……[1]

各种门派的紧密程度各有不同，百家中以墨家组织最为紧密，集体行动能力最强，有严格的纪律和帮规，并要求成员捐献部分收入，钜子作为帮主可对成员发号施令，甚至令其赴汤蹈火，他们似乎以类似包工队的方式集体承揽业务，而不像其他门派那样以个人名义受聘（虽然同门之间也会相互举荐提携，并共享一个关系网络）。

---

[1] 这些与现代专业的对应是极为粗略和示意性的，比如"X（Y）"可理解为"从 Y 那里可隐约看到一些现代 X 的影子"，而且并不暗示其他门派里没有 X 成分。

门派组织为各地方群体连接成大型共同体提供了强有力的纽带，门徒的来源和出路皆不受地理限制，他们散居于各地，服务于不同君主，或从事各自事业，同时又保持着频密往来，维持着共同传统，在某些场合（比如像稷下学宫这样的学术中心）甚至可以聚到一起展开辩论，这种关系以及他们的流动性，在其活动范围内促进了通用语、通用文字和共同文化的形成。

而且，因为摆脱了血缘和地域属性，如此形成的共同文化在伦理方面更少部落主义色彩，更多普世主义倾向，而后者是建立大型共同体的关键一步；然而，专业团体的发展和独立存在，却往往和推动社会大型化的另一股力量——在共同文化边界之内建立统一国家的努力——相冲突，后者总是努力将各种组织化力量掌握在自己手里。

一旦统一集权帝国建立，许多与君主有关的专业服务便从卖方市场转为买方市场，出于竞争需要而争相招贤纳士的列国被急于剪除异己的单一买家所取代，有些服务必须迎合它的口味才能继续存在，另一些（比如战略和外交）则干脆没有了需求。

为强化社会控制，帝国需要建立一套官方意识形态，与此有关的门派或被官府收编改造、或被消灭、或去除政治色彩而成为纯实用性技艺、或离世脱俗而远离权力舞台，像墨家这样组织严密、积极行动而又不受官府控制的私人团体，最难见容于帝国，因而虽一度最为兴盛，最后也被消灭得最彻底。

在将基督教采纳为国教之后，罗马帝国也努力将其扶植为单一官方意识形态，多次召集公会议（council），统一信仰，确立官方信条，将拒绝承认者列为异端加以打击和消灭；皇帝们对公会议上争论的神学议题其实毫无兴趣，他们唯一关心的是必须得出一个明确的多数结论，然后为多数派提供庇护和赞助，并帮助他们镇压异端，以此换取他们的绝对效忠和服从——这正是查士丁尼从第二次君士坦丁堡公会议得到的东西。

然而拜占庭帝国的集权程度毕竟从未达到秦汉帝国的水平，尽管在其极盛期，查士丁尼朝政教合一方向跨出了几大步，打压了许多异端教派，关闭了雅典的柏拉图学院，取缔了新柏拉图主义门派，但始终未能清除地方势力，特别是西部省份的分离倾向，意大利各教区的主教无一出席第二次君士坦丁堡公会议，罗马教廷逐渐取得了对西方教会的至高权威，成为独立于拜占庭的另一个权力中心。

集权国家不会消灭门派组织，但会从几方面改变其性质：第一，买方垄断改变了激励机制，让它们更倾向于献媚邀宠、攀附权贵和争权夺利，而不是努力建立自己的专业声誉，因为此时接近或见容于权力才是组织兴衰存亡的关键，这就阻断了门派向专业团体发展的动力；

自西汉中期官儒地位确立之后，士人阶层从此丧失了对专业知识与技能的兴趣，只有在分裂动荡期才有所复萌，但也只是零星个体努力，再未形成门派与团体。

第二，为避免国家的猜忌和打压，门派将更倾向于以非正式和不公开的方式存在，历代朋党之争不绝，但从来都是私结暗斗，没人会承认自己在结党；问题是，没有公开性，就无法建立制度化的议事程序和继承规则，无法正式接纳或开除成员，因而无法执行内部规范，这样的组织往往随核心人物的死亡或失势而树倒猢狲散，难以成为一种持久的社会组织力量，为社会创造结构元素。

国家权力挤压的另一个效果是，私人领域的社会组织向家族和地方退缩，帝制时代的中国，宗族之外最常见的私人组织是同乡会，私人慈善和教育机构通常也由宗族和同乡会为其子弟创办，此类组织的地域性和内向性使其缺乏广泛的社会动员能力，因而容易为国家所容忍。

宗教领域也是如此。佛教在印度的组织化程度很高，僧团是游动性的，各僧团常举行大型集会，一次集结动辄有数百上千位长老出席；汉传之后，其组织能力屡屡引起政权担忧，并招致多次灭佛运动；从唐代开始，类似身份证与户籍的度牒与僧籍制度被用来控制僧侣流动，游方僧被严格限制，面向大众的公开布道会被禁止，失去人员与思想交流之后，寺院变成了孤立的地方性机构；宋代朝廷进而大力扶持地方性的泛灵信仰，为成千上万个土地神封侯拜爵，拨款修庙，这些法力仅限于一乡一县的神祇显然是最无害的。

道教和汉传佛教皆兴起于汉帝国崩溃后的第一分裂期，而在唐帝国崩溃后的第二分裂期，则诞生了另一类民间专业团体——私人书院；从唐末到宋初，国家控制松弛，私人书院如雨后春笋般涌现，等到宋廷站稳脚跟，便开始抑制私学，幸存下来的书院多数转为官办，明清的私人书院则都是由宗族和同乡会创办，面向其子弟，而且都已退化为科举应试培训班，丧失了独立私学传统。

反观西欧，独立于国家的组织与团体始终大量存在，并且起着组织社会的基础性作用；得益于西欧的政治分裂，教会始终保持着相对于国家的独立地位，同时，教廷虽然努力建立对各国君主的绝对权威，但并未成功；封建制和层级化教区制这两套平行权力系统的共存，为修道院、骑士团、大学、托钵修会、传教团等众多宗教团体的自发性和独立性留出了空间，修道院一方面依靠教廷权威来摆脱地方领主的控制（比如克吕尼运动），另一方面则与领主合作共同抗衡教廷。

在中世纪欧洲的修道院，就像其他文明中的家族（但效能要强得多），成为创办各种事业的载体，它们既是集体农庄，又是手工作坊、酒庄、墓园、旅馆、集市主办者，从中还孵化出了许多现代机构；图书馆、学校、医院、救济所、孤儿院、科学研究所，以及拥有众多抄写员的出版社；修道会和骑士团的独立与自治甚至让他们建立了几个自己的国家，比如圣殿骑士团的普鲁士、医院骑士团的马耳他，还有修士们的圣马力诺共和国。

领主之间的竞争，也让他们乐意为工商业者提供庇护，授予自治权，允许其建立自由市镇，以免他们逃往竞争对手那里，并带走税源；工商业者组织的行会在中世纪城市生活中扮演着核心角色，除了选举市政官员，组织治安与民防，出资修建城墙，还为其成员提供医疗、丧葬、人寿保险、恤养遗孤遗孀、修礼拜堂和办子弟学校。

从上述对比可以看出，国家和私人团体[1]是组织社会的两股相互替代互为消长的力量，当国家权力强大时，私人组织的空间就被压缩，其独立性和自治性也被削弱；所以，同等规模的两个大型社会，可以分别由集中的国家权力和分散的私人团体所主导而建立，重要的是，这两种社会的性质将十分不同。

首先，由分散、自发的力量自下而上组织起来的社会，结构更丰厚而具有弹性，每个组成部分更具独立生存能力，因而当国家瓦解时，社会不会随之而崩溃，当面临外来威胁或内部危机时，各部分更有能力做出调整

---

[1] 这里的"私人"包括任何独立于国家权力的组织实体，包括教会、行会、公司、慈善组织、学术团体等，我知道这一用法不太妥当，只是没有简洁的替代，姑且用之。

适应，深刻而重大的变革能够在潜移默化中自发而渐进的完成；相反，那些由国家权力自上而下强行捏合起来的社会，变革只能等待国家统一推行，或由颠覆性的革命完成，而这种颠覆往往会造成社会总崩溃。

其次，自下而上的组织更有利于道德发育和共同体情感的培养，由于个人有机会在各个层次上参与公共事务，因而更愿意承担社会责任和遵守社会规范，因为这些责任与规范从根本上说是个人与共同体其他成员订立的契约，如果他没有机会参与公共事务，直接或间接地进入议事程序，所有规范都是被强加的，那他就不会觉得有道德上的义务去遵守它们，而只有出于功利考虑的服从或隐忍，在国家权力高压下，私人组织向家族和地方退缩，更倾向于培育出亲疏内外有别的部落主义情感和伦理规范，而我们知道，部落主义是与大型社会格格不入的。

## 8 暴力的垄断

　　马克斯·韦伯（Max Weber）为国家（state）给出了一个被政治学家广为采纳的定义：一种垄断暴力的实体，即，它宣称在其领地内，只有它自己或经它允许，才能对他人使用暴力；这一定义，除了需要一些次要的修正（比如自卫权）之外，确实抓住了国家的核心特征，对暴力的垄断，是它区别于私人武装组织的要点，假如一个社会始终没有任何组织能做到这一点，它便处于无政府状态，就算不上国家了。

　　国家是从私人武装组织转变而来的，而武装组织之所以谋求垄断暴力，是为了避免其生计所依赖的资源——可供劫掠与勒索的定居者的生产能力——发生退化；当武装组织大量出现，劫掠与勒索行为日益频繁时，定居者的产出便会降低，因为假如产出被拿走的比例过高，或者这个比例变得高度不确定，生产和投资的激励就被削弱了。

　　这一点和经济学家阿瑟·拉弗（Arthur Laffer）所指

出的有关政府税收政策的一种效应类似：当税率从低水平提升时，起初税入总量增加，但税率提升同时也在降低生产激励，从而削弱税基，越过某个临界点之后，继续提高税率反而会减少税入；同样，在长期劫掠／勒索关系中，也存在一个相当于拉弗极限的最优剥削策略。

然而，要实施最优剥削策略，就必须垄断暴力，否则，就算你不竭泽而渔，别人也会，你精心呵护税基，结果却只是让竞争者占了便宜，如果大家都形成这样的预期，那么一旦有机会就洗劫一空便是最优策略，于是陷入公地悲剧；为避免这样的悲剧，武装组织就需要在其势力范围内排除竞争者，从而将公地私有化，变成专属领地；这其实和从狩猎向畜牧的转变原理完全一样，当狩猎竞争加剧，动物种群面临退化风险时，只有将其占为私有，才能避免公地悲剧，让种群维持持久的产出能力。

东南亚的历史很好地展示了上述原理，古代中南半岛上存在一种特殊的政治结构，被政治学家称为曼陀罗政体（mandala），众多武装组织各自据守一个中心城镇，并从那里出发在其武力所及范围内进行劫掠和勒索贡赋，他们之间也会形成一些联盟或霸主／臣属关系，但各武装组织的势力范围是相互重叠的，之间没有明确的边界，联盟与纳贡关系被视为首领之间的个人关系，所以，一个村庄可能同时向多个武装组织纳贡，而一位低级首领也可能同时向多位霸主纳贡。

缺乏明确的领地边界和排他性征税权，使得武装组织对生产者的压榨变得异常酷烈，结果是农民的经常性和大批量逃亡，和与此相应的奴隶制盛行；在《逃避统治的艺术》中，詹姆斯·斯科特（James Scott）考察了东南亚农民如何想尽办法躲避大小君主的盘剥压榨，一条主要的出路是从低地平原逃往武装力量难以穿透的高山密林之中。

恰好，中南半岛的东西北三个方向都有大片高山地区——这片长期处于无政府状态的山区被历史学家威廉·冯·申德尔（Willem van Schendel）称为赞米亚（Zomia），它就像一个巨大避难所，收容了来自南北各个方向的一波波逃亡者，导致那里的民族成分极为芜杂；斯科特甚至认为，广泛流行于赞米亚的游耕农业，并非像人们向来认为的那样，是早于定居农业的原始形态，而是原本定居的农民为躲避勒索压榨而放弃定居的结果。

实际上，取得优势地位的武装组织，只要有机会，总是会谋求在自己地盘内垄断暴力并建立此类纳贡保护关系，没有出现垄断只是因为他们在技术上做不到，或者找不到恰当的制度安排来将其垄断地位持久化；尽管我们很难追溯国家起源过程中垄断如何被建立，或者因何而失败，但从那些出于各种原因而陷入无政府状态的社会中，可以看出一些线索，比如西西里。

西西里的历史是被一连串形形色色的外来政权轮番转手的过程，就像一个成长过程中换了十几次爹妈的苦命孩子，民众对政权历来深怀疏离感和不信任；拿破仑战争期间英国人推行的土地改革逐渐瓦解了原有的封建体系，特别是长子继承制的废除，导致贵族的大地产不断分割，经过两代人之后，西西里的土地主数量从两千增加到了两万，和土地贵族相比，这些小地产主既无能力也无意愿保留他们的私人武装以维持地方秩序。

1860 年的加里波第革命给了西西里本已脆弱不堪的社会秩序以致命一击，一时盗贼蜂起，但混乱并未持续太久，一种新型组织很快扮演起了地方秩序维护者的角色，它通常由一位权势人物（主要是早先替贵族打理地产的管家）网罗数十位追随者，组成恩主—门客关系，向当地土地主和商户勒索保护费，同时替他们防范盗贼、摆平争端，以及对抗政府管制和逃避关税。

如同其他黑社会组织一样，明确领地边界并在边界内实施垄断，是每个黑手党的头号诉求，领地之争也是各黑手党组织（名为"家族"，其实并非血缘组织）之间时而发生火并的主要原因；最常见的领地纷争，发生在一个家族为执行其保护任务而需要进入另一家族领地打击盗贼时，或者当某家族首领身亡，其旧"客户"安全信心动摇，转而向其他家族寻求保护时；为减少领地纠纷，各黑手党家族还组成了被称为"委员会"的协调机构。

垄断暴力有着重要的制度含义，首先，掠夺和勒索将转变为定期税赋，其数量或比例也将稳定下来，这不仅让双方变得更方便，也更有效率，避免了由猫捉老鼠游戏所造成的租值耗散，在预期稳定下来之后，生产者的激励也将得到改善，狼成为牧羊人之后，自然会变得更关心羊群的安全与健康，以及长肉产奶能力。

其次，牧羊人必须设法平息羊群内部的冲突，因为冲突不仅直接损害生产力从而削弱税基（这跟畜牧者对牲畜进行阉割以减少冲突、提高产能道理一样），而且冲突蔓延会促使人们争相发展武力以自保，而这些武力同样可以用来对抗牧羊人；对抗中的失败或吃亏者可能会寻求其他庇护者，而脱颖而出的强者可能另立山头并带走一群羊。

这些问题又引出了另一个后果：国家必须建立一套司法系统来解决民众之间的纠纷，以避免纠纷演变为冲突；尽管有些部落社会也存在司法机制，但他们的裁决结果通常没有强制性，其约束力仅仅来自熟人社会的道德压力，如果得到不利裁决的一方不予配合，也只能由另一方自我执行，但国家出于垄断暴力的需要，必须以自身武力确保裁决结果得到执行，同时最大限度地压缩当事人自力救济的权利，尤其要禁止部落社会普遍流行的同态复仇，后者很容易变成无休止的血仇循环，并将越来越多的人卷进来。

对暴力的垄断不仅表现为抵御外部攻击和压制内部冲突，也体现在对对外攻击行动的约束上，因为攻击会招致报复，而报复行动常无差别地落在整个群体头上，这既抬高了保护成本，也会破坏国家与邻近社会的和睦关系，从而危及其领地控制，或者丧失盟友；所以只有符合国家战略的对外攻击才会被允许，假如没有这样的约束力，外交策略便无法展开。以往那个人人都是战士，谁都可以自由组队、自主选择对象发起攻击的时代，已经一去不复返了。

至此为止，政治学家用于识别一个国家的那些元素，已逐一就绪了：一个职业化的统治团队、一块边界明确的领地、对暴力的垄断、常规化的财政来源、向社会成员施加一套行为规范、具有强制执行力的司法系统；从霍布斯自然状态中，巨人利维坦正森然浮现。

在此过程中，并没有自由人自愿向利维坦让渡权利这样的事情，只有威胁和恐惧之下基于利益考虑所达成的均衡，一些社会契约论所宣称的让渡契约，只是基于后来才出现的政治伦理，为将国家起源过程合理化而作出的理论虚构，这些伦理原则显然不存在于前国家社会，因而不可能被用来规范最初的让渡和缔约过程；相反，它们是国家所建立的和平秩序长期持续的结果，有些甚至只是近代化过程的新近产物。

国家的诞生改变了社会结构的发展方向和节奏，将大型社会的组织从社会协调问题转变成了组织、控制和经营问题，统治团队无须与被统治的各群体保持熟人关系，只需通过定期征收赋税、裁决纠纷和惩罚叛逆来反复宣示统治权；在科层化官僚系统建立起来之后，核心权力集团甚至无须与下层官僚保持熟人关系，只需确保他们既可履行职责又不掌握足以危及国家的武力即可。

只要能组建起一个紧密合作且拥有压倒性武力的统治团队，便可通过征服既有的，已经略具规模的定居社会而迅速创建大型国家；在 15 世纪以前，秘鲁高原从未有过比酋邦更大的政治实体，每个酋邦约几万人，然而印加帝国的创建者只用了数十年时间，便逐个征服了这些酋邦，建立了一个拥有上百万平方公里领土、上千万臣民的帝国，这还是在没有车马和文字的条件下做到的。

在有了更强大的武器（特别是进攻性武器）、更好的交通和通信工具、基于文字的更高效管理与控制手段之后，征服将更迅速、统治也更有效；所以，伴随着每一次重大技术和组织创新，就会有一轮大型国家创建运动。秦灭六国从长平之战算起也只用了 40 年，最后决战只花了 10 年，成吉思汗家族在三代之内就征服了大半个文明世界，如此快速而大跨度的征服，说明征服者根本不需要和被征服者具有文化同质性，而后者是以往维系社会的必要纽带。

大型国家在其广阔领地中所建立的和平秩序，将众多小社会联结成了大社会，尽管占人口多数（常有90%左右）的农民仍生活在村镇庄园等小型熟人社会；但和平条件下变得更繁荣的分工和贸易，也孕育了许多更具流动性的专业阶层，武士、文官、行商、工匠、艺人，其活动范围和社会关系都突破了旧有的社区边界与家族结构，他们不仅在各社群之间建立了交流网络和联系纽带，也创造了一种全国范围的共同文化和通用语。

春秋战国时期"士"阶层的兴起演示了这一效果，士最初源自那些在宗法制下难有出头机会的诸侯幼子们，因为长子继承制，幼支小宗的地位随世代更替而不断跌落；特别是当土地充分开发、领地扩张也达到极限之后，次级分封无法继续，小宗子弟为维持其社会地位，必须发展某种专业技能，以求服务于某位领主。

早期的士大多是武士，因为武人是最早分化出的专业阶层，但逐渐的，他们发现还有众多专业技能可以发展，于是有了文士、谋士、策士、术士、方士……最终形成所谓诸子百家；得益于贵族之间广泛的姻亲关系，他们都能在各国找到接待和庇护者，有能力周游列国寻找效力机会，因而这一阶层变得极具流动性，到战国时，他们已在各国取代世袭公卿的地位，也正是在此期间，该阶层创造并代表了华夏共同文化和民族认同。

　　这样，至少对于精英阶层，他们所面对并且感知到的，俨然已是一个六合四海、布履星罗、轮运辐集、熙熙攘攘的大社会了。

Ⅱ 群居的艺术

从热带雨林到北极冻原，从沙漠到沼泽，从草原到高山，人类占据并适应了极为多样的生态位，这很容易让人相信，人类有着适应新环境的超强天赋，各种孤身探险的英雄故事和绝境生还的传奇经历，更强化了这一印象，至少在这颗星球上，似乎已没有什么障碍能让有着如此智慧与好奇心的人类在它面前畏缩不前了。

作为一个物种的人类确实如此，甚至，从百年以上的时间跨度看，群体也是如此，离开旧世界去开拓新大陆的殖民群体，往往在几代人之后便适应了当地环境，然而，人类个体在陌生环境中其实是非常脆弱而无能的，绝境生还者只是极少数幸运儿，而且据人类学家约瑟夫·亨里克（Joseph Henrich）分析，他们通常都在要害环节上得到了当地人的帮助。

人类之强大，端赖于我们身披着一套厚重的文化铠甲，每副铠甲都是为适应特定生态位而特制的，当个人离开他熟悉的自然或社会环境时，这套铠甲就很大程度上作废了，甚至成为累赘，此时他就变得异常脆弱无助，就像一只丢失了海螺壳的寄居蟹，拖着柔软腹部蹒跚于沙滩，随时可能被海鸥吃掉。

这套铠甲不仅包括针对特定自然环境的生存技能，也包括有关如何处理人际关系的社会技能和社会规范，以及为自己提供安全保障的社会资本（家人、亲属、朋友、宗族、师傅、恩主、盟友等），前者同样是文化特异的，后者则专属于个人或家族，离开这些，个人将完全丧失安全感，这就是为何部落社会的人们对陌生世界和陌生人充满恐惧，轻易不敢越出本部落的安全地界，也不敢脱离由社会关系所构建的安全网。

可是在现代社会，人们却面不改色地穿梭于都市的陌生人洪流之中，长途旅行已是件可以"说走就走"的事情，许多背包客甚至身无分文就敢周游世界，这是因为个人已变得足够强大，以至终于可以丢弃那副文化铠甲，从长久以来龟缩于其中的海螺壳里钻出来，凭借理性与天赋无牵无挂地昂首阔步于天地之间了吗？或许安·兰德会这么认为，但现实并非如此。

实际上，除了极少数受过专门训练且装备精良的专家，皮肤白嫩、娇生惯养的现代都市人可能是有史以来独立生存能力最弱的人类，他们之所以能够从容逍遥地越洋过海、行走天涯、出入市井，是因为以往为各群体提供保护的五花八门、各不相通的安全罩壳，在过去数千年中已逐渐延伸、扩展、连接、融合，最终结成一张安全之网，只因其无处不在无远弗届，反倒常被熟视无睹，只有在其残缺破损之处（比如在当前的叙利亚），其存在才又变得清晰可辨起来。

设想你是个伦敦人，正在规划你的年假旅行，目的地是杭州，你打开一个旅行网站，订好机票和房间，研究了一番地图，读了几篇指南和攻略，一周后你就在苏堤上骑车了，还不忘拍几张照片发给家人，顺便报个平安（用的是在路边手机店里买的电话卡），假如你被那里的风情吸引，打算辞掉眼下那份不如意的工作在这边晃悠半年，那也不难，你很容易找到一份英语教师的临时工作，最不济还可以做做白猴子挣口饭钱。

现在让我们把时钟往前拨六百年，你有幸继承了一笔价值一千镑的现金遗产，你想用它云游世界（这足以让你在伙伴们眼里成为不可救药的疯子，不过我们暂且放过这一点），你不知从何处弄到了一本《马可·波罗游记》的手抄本，其中描绘的"天下最繁华城市"——Kinsai——让你倾慕不已，可是怎么去呢？

一千镑着实是一大笔钱，当时英格兰的遗嘱中提到的遗产数额平均只有一百多镑（立遗嘱者可都是富人），一千镑大概可以买到四千磅胡椒，或者将近两倍体重的丝绸，可见这笔钱确实可以负担将一个人这么重的东西运到东方的费用。

可是大活人和商品不一样，作为旅行者，商品的优势在于，无论它因转让、丢失、偷窃、抢劫而落到谁手里，都会自动跟着价格信号一直走到出价最高的地方，只要它不偏离贸易路线太远，任何得到它的商人都知道往哪个方向贩运可以卖个好价钱，所以在其漫长旅途的任何一段，贩运者都不必知道其最终目的地。

但你却只能自己去打听怎么才能到中国，幸好，你认识的一位伦敦商人说他来自威尼斯的生意伙伴（假设他叫安东尼）可能有办法，因为后者常提到一些威尼斯人宣称自己到过中国，并从那里弄来了丝绸，你大喜过望，立即决定先到威尼斯再说，于是你开始准备盘缠，可是随身携带这么大一笔钱显然太危险了。

好在意大利商人早在十字军东征期间便已开发出了远程汇兑业务，你的商人朋友们自然谙熟，最后，你在朋友撮合下和安东尼达成了这样一笔交易：他替你安排到威尼斯的旅程，并帮你将750镑转成一张可在威尼斯兑现的汇票，你付给他50镑作为酬劳，同时你将200镑留给你兄弟，并指示他在收到你交由安东尼送达的平安家信后再支付50镑给他。

几个月后你们到了威尼斯，你高兴地发现安东尼是个好人，他替你安排了住处，帮你找来了做东方生意的朋友，你的汇票也得到了认可，可让你失望的是，那些曾吹嘘到过中国的人其实只是和据说来自中国的波斯和阿拉伯商人做过生意，不过当他们中的一位（洛伦佐）得知你愿意支付丰厚报酬之后，愿意在明年春天下一次慕达航行中将你带到亚历山大，并在那里为你介绍一位阿拉伯商人，让他帮你寻找前往东方的商船。

一切顺利，你在亚历山大加入了一支准备经红海前往印度的阿拉伯商队，临走时将平安家书交给洛伦佐，你向商队头领（阿里）支付了 100 镑巨额路费，并许诺若能活着回到亚历山大还会另付 100 镑（这笔钱你交给了洛伦佐保管），接着你为自己换了套阿拉伯人的行头，雇了（或买了）位意大利语和阿拉伯语都懂一点的仆人，就上路了。

然而也正是从这一刻起，你被抛进了完全孤立无助、听天由命的未知世界之中，你的拉丁语虽然蹩脚，却帮助你穿越了欧洲大陆，并在威尼斯生活了半年，现在没用了，你和仆人之间也只是勉强能交流；此前你从未离开过基督教世界，这一共同信仰多少给了你一些安全感，如今都已抛在身后；而且你不得不把大部分钱留在威尼斯，带在身边只会惹来杀身之祸，随身带的几十个银币不知能撑多久。

安东尼和洛伦佐虽与你非亲非故，但至少有一根信用链条将你们连在一起：安东尼可能会珍惜自己在伦敦商人中的声誉，而且他还想拿到那 50 镑酬金，所以未将你半路遗弃，洛伦佐也会顾及他和安东尼的友情以及自己在威尼斯的声望，但阿里却没多少理由信守承诺，他无须顾及洛伦佐对他的看法，对于将一个异教徒卖为奴隶也没有心理负担或法律上的顾忌，你的生还且与他重逢的机会太渺茫，他对拿到第二笔钱也不会抱多大希望。

所以你只能指望阿里是个好人，但即便如此，商队在从亚历山大到红海的路上可能遭贝都因人劫掠，船队在亚丁等待东北季风时可能被当地的对立苏丹们洗劫或强征，跨越印度洋时可能沉船丧命，在科钦你可能染上瘟疫，仆人可能趁机逃跑，并偷走你剩下的几枚银币……为了把故事讲下去，我只能假设所有这些都没发生；现在，阿里决定停在科钦，让你自寻出路，你靠藏在书脊里的两枚金币万分幸运地搭上了前往广州的商船，并且躲过了马六甲海盗。

假设你奇迹般地躲过了上述种种灾难，在离家三年后（1420 年）终于来到广州，然后四处打听如何才能去往 Kinsai，却发现没人知道这个地方，后来总算有位书生说，你找的大概是"镇江"（那里有个金山寺），可以先走海路到宁波，再从那里沿运河前往。但另一位书生在听你（用这两年学到的一点阿拉伯语经当地阿拉伯商人翻译）描绘了 Kinsai 的无比繁华之后，猜到你说的大概是"京师"，于是让你到镇江后溯江前往金陵。然而，第三位书生却反驳道，Kinsai 听上去更像"行在"，所以到镇江后应继续沿运河向北走到北平。

可是最终你并没有机会验证谁的说法正确，你搭乘的商船停靠在宁波附近的某个海岸走私点，虽然好心船长劝你放弃冒险上岸的念头，你还是决定试试运气，当你步行到达第一个县城，正打算好好休整一番时，你的蓝眼睛、高鼻深目和奇怪口音立即暴露了你是个番鬼，于是被抓进衙门，几个月后与其他几名走私犯被一起押送到了省城，因为没人能听懂你的申辩，你一直被关在按察司大狱里，直到两年后病死，至死都不知道自己其实已经到达了梦寐多年的 Kinsai，只是没有机会一睹其芳容了。

现在我们来看看六百年后那个你何以更幸运；首先是一个全球共享的知识体系，比如一份大致相同的世界地图，一套无歧义的地名和地址编码系统，统一或易于换算的计量单位，大致相通的计时、日历和纪年法，大致对应的自然物和动植物的分类系统……使得跨文化交往变得顺畅。

这一系统是大航海时代以来长期互动、协调、融汇和传播的结果；假如 1870 年一位英国人在拉萨与一位藏人交谈，在谈到高山时分别提及 Everest 和珠穆朗玛，他们大概不会意识到那其实是同一座山峰。同样，拿着从 15 世纪欧洲出版的书籍中找出的中国地名去问当地人，可能大部分都得不到正确辨认。

其次是通用语，古代已形成不少通用语，但每种都局限于某个帝国的疆域或某个贸易圈之内，直到最近几十年，英语才接近于成为首门全球通用语；然后是汇兑，携带大笔现金旅行是非常危险的，特别是在古代，如果没有汇兑业务，长途旅行者必须带足几年的开销，如果没有武装自卫能力，这么做可能还不如沿路乞讨保险。

　　还有交通与通信条件，如果出趟远门少则数月多则七八年，就会吓住绝大多数人，如果沿路无法与家人或合作伙伴保持联络，就更缺乏安全感，而且这样的旅行办不成太多事情，因为稍稍复杂一些的任务都需要反馈、协调和同步。

　　还有雇工市场，对于穷人（或者无法携带大笔现金的富人），技艺或血汗是最靠得住的盘缠；在建立可靠的后勤补给系统之前，古代军队都是靠沿路就地补给的，个人旅行者往往也是。所以在古代，有能力长期云游四方的人，都有些看家本领，可以一路挣饭钱：说唱、杂耍、算命、教书、乞讨、卖膏药……可是这些行当市场容量毕竟有限，只有在近代规模化的雇佣劳动市场形成之后，才有大批穷人敢于外出寻找机会。

　　还有文化宽容，假如旅途上散布着一个个对外人充满恐惧、敌意乃至仇恨的群体，旅行就会变成一场噩梦；宽容是由共同的文化背景和宗教信仰，以及和平交往的长期经验所培育，正是因为有着共同的拉丁语、基督教和罗马遗产，欧洲虽在政治上长期分裂，却始终保持着频密的交往，特别是精英阶层，因此才有了启蒙时代的所谓"书信共和国"。

　　还有法律秩序，皇家海军于18世纪实施的海盗清除行动将跨大西洋运费降低了90%；陆地上也是，中世纪德国的一些地方小贵族敲诈商人、拦路打劫、绑票（狮心王理查是他们绑到的最大一票），形同土匪，波罗的海沿岸的众多商业市镇只好联合起来组成汉萨同盟以维持秩序，确保贸易线路畅通，普遍的治安保障是现代社会的新事物。

这些因素之间存在着相互加强的互反馈关系，一些方面的改善会促进另一些方面的改善，反之亦然。所以它们并没有严格的先后关系，而是在适宜的制度环境下滚动积累，逐渐改进。在以下各篇中，我将挑选其中一些因素加以讨论，不过很明显，这远不是一份完整的清单。

# 1 人皆有名

对于现代人来说，姓名已成为一个人不可或缺的属性，我们很难想象一个没有姓名的人将如何参与社会生活，别人该怎么称呼他以便启动一次交谈？如果你没见过他，如何确定他就是你要找的人？他作为第三方将如何被提及？涉及其利益和责任的各类文件档案中，他将如何被记录？

然而在早期社会，尽管也存在类似于个人名字这样的东西，但人们看待和处理它的方式，以及它在社会生活中所起的作用，是十分不同的。

当人们在交谈中提及另一个人时，实际上是在解决一个注意力协调问题，说话者试图在听者的意识中唤起对此人的记忆，并将其注意力引向他；做到这一点的方法有多种，假如此人就在双方视野之中，那么类似手指或努嘴这样的视线引导方法即可达到目的，但假如此人不在场，说话者便需要用言辞帮助听者从记忆中检索出这个对象。

理论上，最高效的检索方式是给出 ID，名字便是一种 ID，一个指针，一个指向某组特定记忆的存储地址；问题是你首先得有个名字，然而就人类语言而言，用无意义符号直接编码 ID，并非为对象创造标识符的常规方式。

人类语言创造新词汇的机制是一个自发协调过程，没有中心设计者出面规定什么东西该叫什么，说话者各自尝试不同的可能性，其中表达交流上更为有效的那些做法广受模仿因而得以流行；而一个词汇越是流行它在交流上就越为有效。最终，人们的选择收敛到少数几个被普遍接受的固定用法，从而在词汇表中幸存下来。

无意义符号的问题是很难启动这样一个逐渐收敛的协调过程，像这样一句话——"有个人，我叫他 708，昨天我看到他跟 305 一起吃饭了"——对于听者猜测 708 到底是谁几乎毫无帮助，这样一次无效对话显然不会鼓励听者也用 708 去称呼此人，因为他连此人是谁都不知道。当然，假如说话者继续说了许多提及 708 的句子，听者可能最终会猜到他是谁，但如此效率低下的沟通，很难推动这一称呼的流行。

另一种做法是利用词汇表中既已存在，因而就其用法已经达成协调的词汇，进行关键字检索，比如把上面那句话换成——"昨天我看见哑巴跟寡妇一起吃饭了"——假如对话双方是茫茫人海中的随便两个人，比如 QQ 网友，或者火车邻座，那么这一改变对听者的猜测同样无所助益，因为哑巴和寡妇都太多了，鬼知道你说的是哪个。

可是好在，人名最初出现时，人类还都生活在熟人小社会中，一个几十上百人的群体中，很可能只有一个哑巴，就算有两个，听者通常也很容易猜到说话者当时有兴趣和他谈论的，是其中哪个；在小群体中，任意两个对话者总是相互熟识，并且很清楚各自的社会关系，所以只需要一两个关键字的提示，即可迅速定位到某个具体的人。

实际上，早期的个人名字都取自有着日常含义的普通词汇，比如英语名字中，David 的希伯来本意是"受宠的"，Thomas 的阿拉米本意是"孪生子"，George 的希腊语本意是"农夫"，日耳曼来源的名字则大多由两个普通词汇拼合而成，比如 William 由"愿望"和"头盔"合成，Edward 由"富有"和"守卫"合成。

这种以描绘其某一突出特征的普通词汇来指称个人的做法，很像后来的绰号，对于小社会，这样的指称方式已足够使用，因为熟人之间的对话有着丰富的共同知识背景和情境信息来辅助交流，当兄弟之间提到"父亲"时，听者自然会想到双方的共同父亲，正如同事间提及"老板"时，或牌友间说起"来一局"时那样。

但绰号有个问题，它是自发协调的产物，很可能带有贬义，难以被其主人和亲友所接受，为了避免这种情况，有远见的父母便抢先为孩子取名；由于协调博弈的结果（即众人的选择最终收敛于哪个均衡点）往往具有相当大的任意性，况且就名字的交流功能而言，只要方便，用哪个词其实并不重要，所以抢先行动通常都能取得成功。

北美大平原印第安人（Plain Indians）的取名习惯很好地展示了名字发展的这一阶段，每个男人在人生不同阶段拥有不同名字，童年名字是长辈取的，或者用他们的话说，是"赠予"的，成年后的名字则被认为是自己"挣来"的。

最初的乳名往往取自某个身体特征，五六岁时得到一个较正式的名字，词义常包含着长辈的期许，较受宠爱的男孩会被赠予父亲、祖父或叔伯的名字（受赠者会向送出名字的长辈献上一匹马作为回礼）；不过在童年期，被叫得更多的，仍是同辈给他取的绰号。

当男孩长大成为战士，并在某次战斗中有了值得夸耀的表现之后（他们的习俗对何种表现值得夸耀有着细致规定），就会获得一个新名字，这个名字通常由其母亲、姨妈或叔叔从他们出色兄弟的名字中挑选，因而它总是会与一位既已得到公认的合格战士的往日声誉联系在一起。

这一命名伴随着十分隆重的仪式，由一位长辈手持填满烟叶的烟斗（这是大平原印第安人最常用的仪式器具），依次朝向营地的四个方向大声唤出战士的新名字；除此之外，当一位成年人遇到诸如神仙托梦或异象天启之类人生大事，或者罹患重病需要除除晦气时，也可能举行一次换名仪式，以宣告其重获新生。

像这样由父母向亲友正式宣布，由长老在仪式性场合大声宣告的做法，改变了个人标识符的产生方式，权威编码者逐渐取代了自发协调机制；成年礼上的更换新名、基督教会的洗礼仪式、小学课堂上的点名应答，都起着类似的作用；尽管取名所用仍然是普通词汇，但在功能上变得更像专名（而不是摹状词）了。

由于父母在取名时偏爱那些寓意美好的词汇，或者被某个声誉卓著者用过的名字，并且很多文化中都有将名字沿家族传递的习俗，于是名字用词的范围逐渐收窄到一个很小的集合，并且随着语音的自然漂变，这些词汇逐渐与相应的普通词汇分离，变成了专门的取名用词，诸如日耳曼语的双词拼合法也强化了这种分离倾向（使用非拼音文字的社会可能是个例外，因为表意符号可以抗拒这种分化）。

不过，在传统乡村社会，特别是地位较低因而社会关系高度受限于本地的阶层中，上述替代并不很彻底，日常生活中被使用的仍主要是自发产生的绰号；在近代学校教育开始普及时，许多乡村孩子在上学前都没有一个看上去像专名的名字，报名登记时老师不得不为他们临时取名，甚至到 21 世纪初，服装厂的员工名册上仍满目可见类似"小弟"、"细仔"、"细妹"这样的名字。

如此产生的名字只能适用于小社会，因为在古代，联结各小社会的纽带十分纤细，绝大多数用到名字的社会交往都发生在小社会内部，无论是自发协调还是正式取名，都不存在为大群体解决重名问题的机制和动力，所以拥有这些名字的个人，其社会关系一旦越出小社会，便立刻面临名字冲突的问题。

首先面临这一问题的，是通过姻亲、庇护和联盟关系在多个小社会间建立了高层关系网络的权贵阶层、行走四方的游商和艺人、流动性服务的工匠、远离家乡为君主服役的官吏和武士，以及各种在城市和宫廷才找得到工作的专业人士，还有有资格加入各种行会、职业团体或地下会社，因而经常需要去城市参加聚会的人。

在需要订立契约的商业活动中，个人标识符的有效性尤为重要，事后能够查证立约人究竟是谁，显然是确保契约效力的起码前提；早期社会解决重名问题的通行做法，是在名字后面加一个或多个描述性注记，常见的注记内容有父亲名字、家乡地名、职业和绰号，这些注记后来被姓名学家称为"旁名（by—names）"，它是西欧姓氏的主要来源。

比如，保存于楔形文泥板中的一份公元前 17 世纪巴比伦第一王朝的土地买卖契约中，是这样记录立约人身份的：

> 这块 8 亩之地，位于 Terqa 城 Zinatum 灌溉区……由 Aku 和 Mar-eshre, Idin-Rim 之子，所有，Balilum, Sin-nandin-shumi 之子，从 Aku 和 Mar-eshre, Idin-RIm 之子处，以全价购入。

不同类型的旁名适合于不同阶层，一般原则是，它必须在相应的社会情境中有足够的信息量，足以将个体与其他人区分开来；在绝大多数居民都务农的农村，"农夫"显然不是好的旁名，"牧羊人"倒可能是，最理想的职业旁名是那些每个村庄只有一两位从业者的职业，在中世纪英格兰，多数村庄都有铁匠，但很少有村庄有两位铁匠，于是 Smith 最终成了人口最多的英语姓氏。

除了职业，地名也是旁名的一大来源，但这里有个微妙的区别，代表大块土地或整个村镇的大地名，显然不适合普通百姓，因为这样一块土地上往往居住着许多户人家，所以它们更适合那些拥有这块土地的领主，或者代表这个地方参与更高层次政治活动的贵族，实际上，源自此类地名的英国姓氏全都可以追溯到某位贵族祖先。

适合平民的地理旁名，则是河边、山谷、小溪、桥头等描绘局部地貌特征的词汇，它们被用来提示这户人家的住宅坐落位置；和地貌用词一样透露着平民背景的，是源自父名的姓氏，一项针对瑞典姓氏的研究发现，即便在经历了漫长的平等化进程之后，当代瑞典拥有"—son"后缀姓氏的群体，无论在收入、教育成就，在医生律师等精英职业和国会议员中的相对比例，仍然都低于平均水平。

推动旁名向可继承姓氏转变的最初力量，来自有关继承权的法律需求，要保护自己的继承权，在发生争议时支持本方的权利主张，不仅需要在涉及财产、遗嘱、婚姻、出生与受洗的法律文档中准确记录自己的身份，最好还能在个人称谓中直接体现与被继承人的亲子或血缘关系，或者与所继承产业的关系。

社会规模越大，这样的需求越强烈，当家族香火旺盛，子孙散居各地，姻亲关系错综复杂，能够为争夺继承权的各方作证的证人并非来自同一社区的熟人时，裁定的依据只能来自文档记录和追溯链条完整清晰的身份证据。

对于地产（这是古代农业社会最重要的财产）而言，要满足上述需求，一个源自地产名称的可继承旁名（即姓氏）再理想不过了，假如这一称谓自出生起便与自己形影相随，为众人所周知，对继承权的主张便有了很强的说服力（若有异议也早就会被提出），这就是为何在古代最早获得姓氏的，都是拥有大地产的领主或土地贵族。

商人也需要姓氏；做生意的人都希望对方身份来路清晰可查，所以要想在一个较大社会中建立信誉，赢得生意机会，商人便需要把自己变得面目清晰、有头有脸，而非来路不明的无名之辈。名字是积累声誉的载体，而对于持续性的生意，商业信誉需要长期积累才变得有价值，因而可继承的家族姓氏比个人名字更适合充当这一载体。实际上，许多商业家族的姓氏最终变成了知名商标，而且直到现代股份公司兴起之前，姓氏始终是商标的主要来源。

即便不是商人家族，也有一门重要生意要做，那就是婚姻，这门永续生意的信誉被称为门风家教，其载体也是姓氏，所以，那些家境较好，与之联姻看上去像桩好生意，因而有着更多兴趣精心经营联姻关系和姻亲网络，而且通婚关系跨越较大范围的家族，多少对姓氏有些需求。

然而，若要系统性成规模地为平民批量创造姓氏，则非国家权力莫属，出于征税、兵役、司法和内政管理的需要，国家在为个人创造标识符这件事情上总是表现积极；在英格兰，旁名向姓氏的转变发生在 13 至 15 世纪，这段时间也正是王权扩张、财政司法体系日趋完备、档案记录不断健全的时期。

英格兰国王从 12 世纪开始向俗界平民征收世俗捐（lay subsidy），以应战时之需，爱德华一世在位期间，因战事频仍，九度征收世俗捐，将这一以往只是偶尔应急的平民税常规化了；为征税方便，1290 年起逐郡登记纳税人名单，到 1377—1381 年间理查二世三度征收人头税（poll tax）时，纳税人档案已覆盖 60% 以上人口；14 世纪，坎特伯雷大主教特权法庭（Prerogative Court）开始对遗嘱进行认证，并从 1383 年起保留了全部遗嘱档案；这些措施首先将随意而混乱的旁名稳定下来，继而又推动其向姓氏演变。

日本维新时期的明治政府创造姓氏的效率则高得多，1870 年的《平民苗字许可令》允许平民拥有姓氏，但平民的反应并不热情，于是 1875 年又发布《平民苗字必称义务令》，规定所有国民必须使用姓氏，1898 年又制定户籍法，将每户姓氏固定下来，这样，仅用了一代人的时间，全体日本人就都有了姓氏。

同样的事情也发生在其他以自上而下的剧烈变革完成现代化的国家；作为凯末尔改革的一部分，土耳其政府于 1934 年颁布《姓氏法》，规定国民必须为自己选取姓氏（此前该国只有基督徒和犹太人有姓氏），并且，出于强化民族特性的考虑，土耳其政府对姓氏用词作了严格规定，凡带有外国或外族色彩，部落痕迹，或沾上基督教意味的词汇，一律被禁止，总之，合格的姓氏听上去必须像个纯正的土耳其词汇。

巴列维王朝也于同一时期在伊朗推行了类似改革，

姓名改革也是许多国家在现代化进程中政府强化人口统计的诸多措施中的重要一项，而且大多采纳了此时已成为主流的可继承姓氏，特别是父系姓氏。

冰岛可能是唯一反其道而行之的国家，该国政府于1925年立法禁止以父名之外的名字作为第二名，旨在保卫冰岛的北欧取名传统。后来，当这一传统在二战后几十年因移民进入而面临冲击时，政府又于1991年设立了取名委员会（Naming Committee），立法规定第二名必须取自父亲或母亲的第一名，并且新的名字用词必须符合冰岛语词法习惯；尽管方向相反，但其规范姓名和强化民族特性的动机和日本与土耳其政府如出一辙。

当推动姓氏改革的是本土政府时，尽管姓氏是政府强加的，但具体选用哪个词汇作为自家姓氏，人们通常享有充分的自主，比如明治政府对姓氏用词并未施加什么限制，结果我们看到了千姿百态、无奇不有的日本姓氏，但是假如推行姓氏的政府是不通晓当地语言的外来者，可能就无法接受这样的民间创造力了，这方面我们有两个有趣的例子。

殖民时代的欧洲人在全球各地所遭遇的土著，多数还生活在小社会中，许多甚至尚未开始定居生活，自然对姓氏毫无兴趣，为方便推行，政府不得不采取一些武断的做法。

1849年，菲律宾总督纳西索·克拉维里亚（Narciso

Claveria）为人口统计和征税需要而推行姓氏改革时，向负责登记的官员发放了一本姓氏用词手册，上面按字母顺序列出了 6 万多个词汇，其中多数是从一本西班牙语词典中挑选出的西班牙人名、地名和普通词汇，还有一些拉丁化了的菲律宾当地词汇和汉语词汇。

登记官带着手册深入被重峦叠嶂分割的支离破碎的菲律宾山区，走访一个个此前很少与外界打交道的孤绝闭塞乡村，同样按字母顺序将手册上的词汇分配给各氏族作为姓氏，由此造成的姓氏分布规律在今天依然清晰可见，这条山谷里的姓氏都以 F 开头，另一条则都是 G 开头的……

对姓氏最没兴趣的，大概要数北极的爱斯基摩人了。爱斯基摩群体规模极小，一个游团往往只有几户家庭，而且北极的生态条件所能支撑的人口密度极低，因而其社会化程度即便在狩猎采集族群中也显得非常低，或许是最低的，所以不难理解，他们丝毫不觉得在简单名字之外还需要其他个人标识手段。

可是在和他们打交道（或自认为有必要和他们打交道）的外人看来，这样重复率极高的简单名字太不方便了（和许多民族一样，爱斯基摩人也有用亲友名字为孩子取名的习惯）；或许是受了军队里用于标识士兵身份的狗牌（dog tag）的启发，加拿大政府从 1941 年起为爱斯基摩人发放姓氏牌，每人一块皮制圆牌，挂在脖子上或缝在外套上，牌面上刻着一个由一位字母和 4—5 位数字组成的 ID，作为其姓氏；直到 20 世纪 70 年代，这些数字姓氏才被一个政府姓氏编制项目所创造的新姓氏取代。

然而，用一串字母数字为国民编制 ID 的做法远非加拿大政府首创，在动辄千万人口的现代都市社会中，即便加上了姓氏的姓名也远远不能满足准确标识个人的需要，为实现有效的人口统计乃至高强度的人口控制，各种政府机构都在按自己的需要为人头编码，除了军人狗牌，还有驾驶证号、社会保险号、税务登记号、护照号、身份证号。

类似的编码工作也发生在私人领域；当电报业务迅猛发展时，电报公司很快面临如何针对突然出现的海量用户，以简洁准确的方式描述收件人的问题，其解决方案是电报挂号；电话交换中心的接线员最初是根据呼叫方所报出的姓名来接通接听方的，但不久便被数字号码所取代。

如今，移动电话号码和电子邮件地址已成为全球通行且识别性极好的个人标识符，而个人在不同社交网上的账号，则体现了现代人身份标识的多面性；这些标识使得在现代流动性大社会的茫茫人海中准确定位到一个人这件事情变得轻而易举。

## 2 巴别之咒

　　阻止早期社会向大型化发展的一个障碍，是语言；语言不通的人之间很难取得信任，更难建立合作关系，语言既是群体内认同的主要基础，也是群体间敌意的重要来源，究其因，语言是知识、习俗、观念、信仰、规范等种种文化元素的载体，由这些元素所组成的文化系统，将在不同语言群体之间竖起屏障，使得外人很难进入。

　　语言屏障的存在，倒不是因为各人类群体一开始就说着不同语言，而是因为人类语言的演变和分化速度太快；源自同一语言群体的两个支系分开五六百年后，相互之间就听不懂了；现存48种日耳曼语在2500年前还是同一种语言，445种印欧语的共同祖先（原始印欧语）也只是从5500年前才开始分化。

　　语言分化的速度也体现在这一事实上：通过寻找同源词汇，比较语言学家能够辨认各语言之间的亲缘关系，追溯分化历史，重建种系发生树，但此类重建最多只能往前追溯五六千年，分离时间超过这一限度，两种语言的词汇就变得面目全非、难以比对了。进一步的追溯只能通过综合多种特征的统计分析进行，而推测结果的可信度也大为降低。即便如此，比一万年更古老的亲缘关系也难以辨认；相比之下，生物学家却可通过比较遗传编码将亲缘关系追溯到数亿年前。

考虑到分化速度，一个语言群体必须以足够快的速度扩张，才能在分化之前成为大群体；尽管在最理想条件——资源充沛、环境稳定、没有竞争者——下，理论上群体可以每代翻番的速度在 500 年 20 代中扩大 100 万倍，但实际条件远不会如此理想，天灾、流行病和饥荒，无时不在抑制着群体扩张；更重要的抑制来自同类竞争者，一旦人群已遍布某一生态位，任何群体的扩张只能以消灭或排挤相邻群体的方式发生。

假设某一特别幸运的群体以每代 20% 的速度持续扩张 20 代，其规模也不过增长 38 倍，从一个上千人的部落变成数万人的语言群；事实上，这差不多就是国家起源之前语言群的规模极限了；在欧洲人到达之前，澳洲 30 万—50 万土著说着近 400 种语言，分属 27 个语系，其中绝大部分语种的母语人口只有大几百到一两千，少数几万人的大语种，每个都代表着新近发达的暴发户。

类似情况也出现在其他前国家地区；大约 15000 年前进入美洲大陆的那个群体规模可能不足百人，而在哥

伦布到来时，那里已经有了约 2000 种语言，分属近 90
个语系，还有众多无法归类的孤立语种；当今语言地图
中多样性最密集的地区是新几内亚，这片直到 20 世纪 50
年代还与世隔绝的地方，有着 1000 多种语言，分属 60
多个语系，占现存语言总数的 1/6。

这些数字，可以让我们对大型定居社会出现之前的
语言格局有个直观认识，它是高度碎片化的（语言学家
称之为马赛克分布），除了个别最新暴发户之外，语言
群规模只有一千上下，差不多相当于部落的规模。每个
部落由十几二十几个熟人小社会经由血缘、通婚和联盟
关系组成。

那么，从这样一个语言丛林中，大型社会又是如何
出现的？假如语言不通，组成共同体的人们如何交流、
协同、合作，乃至组成像军队和行政机构这样的大型紧
密组织？毕竟，在近代城市化之前，社会流动性极低，
绝大多数人生活在熟人小社会中，一辈子没去过距离家
乡几十公里以外的地方，语言的碎片化又如何能避免？

答案是双语模式。实际上，在高度同质化的近代民
族国家出现之前，大型社会是以多层次方式组织的，在
文化上是异质的（heterogeneous），最底层仍是一个个熟
人小社会，正如施坚雅所描绘的那样，这些小社会依地
理条件围绕就近的中心节点，逐级向上而构成一个蜂窝
状的多层流通网络。

多数人的活动仍局限于小社会中，但也有少部分人，诸如商人、工匠、士兵、水手、担夫、艺人、文人、医巫、僧侣、官吏、管家等，他们的活动范围和社会关系都远远越出家乡，因而成为联结各小社会的纽带；这些人在持续的互动过程中，会自发地在各自母语之外创造出一种共同的工作语言，即所谓通用语（lingua franca）。

一旦通用语形成，那些希望与外界打交道，希望从由该语言所支持的社会活动中受益——想和商贩做买卖，想听懂说书艺人在说些什么，想到附近某位大人物那里谋份差事，不想在卷入外部纠纷或出入衙门时完全弄不清状况，或者只是不想被人当成没见过世面的乡巴佬——的人，就会去学习这门语言，从而成为双语者。

产生通用语的途径有许多种，在前国家时代，商人常在其中扮演关键角色；古代商业群体的家族色彩和同乡色彩十分浓厚，一种商品的贸易、一门生意的经营、一条商路的开辟和控制，往往由一个或少数几个家族扩展而成的同乡群体所独揽；因为在一个缺乏安全与信任的世界里，亲属和同乡往往是唯一可以依靠的合作者，同时，这门生意中所积累的知识和规范，需要共同语言才能习得和传承。

商人群体首先用他们的家乡方言作为跨地区贸易的工作语言，然后吸引那些和他们打交道的当地人——生意伙伴、代理人、买办、伙计、帮工、运输业者等——学习他们的语言。在此过程中，这种语言也会发生改变（通常是向易学的方向改变），变得更适合这一功能——此种改变起初常会以洋泾浜化（pidginize）的方式发生，然后再由将其当作母语学习的儿童作克里奥尔化（creolize）改造；当它作为通用语的地位逐渐上升时，其流传地区的人们发现学会它很有好处。

斯瓦西里语（Swahili）的历史很好展示了这一发展模式；斯瓦西里语是班图语的一种，最初是由坦桑尼亚海岸桑给巴尔（Zanzibar）地方的一些渔民基于其母语而形成的职业圈内的共同语；这些渔民和其他古代海上渔民一样，也从事贸易和海盗活动，这些活动拓宽了这一共同语的使用范围。

后来，当阿拉伯商人成为印度洋西岸贸易的主要经营者时，为了生意上的方便，便选择它作为其在东非沿岸经商时的工作语言，同时也大幅改造了它，向其注入了大量阿拉伯词汇；随着阿拉伯人的贸易活动将越来越多的当地社会和人群卷入其中，他们也把斯瓦西里语散布到了整个东非海岸，并逐渐渗透进内陆，成为东非最流行的通用语。

和斯瓦西里语类似，腓尼基商人（兼殖民者）曾将腓尼基语（Phoenician）变成地中海世界的通用语，粟特语（Sogdian）也因粟特商人长期主导沿丝绸之路上的贸易活动而成为中古时期中亚腹地的通用语，马来语则是以马六甲为中心的南洋贸易圈中形成的通用语,从 16 世纪起的几百年中,葡萄牙语则因香料贸易而在印度洋世界和南洋地区成为国际交流的通用语。

不过,由商人所创造的通用语渗透性较弱,在其通行的社会中扎根较浅,因而当一个强大竞争者出现时,很容易被排挤和取代,就像腓尼基语在地中海被希腊语取代那样;因为假如一种语言除了交流便利之外不能为使用者带来更多东西,人们便会以一种实用主义的态度对待它,不常参与商业活动的人也缺乏动机学习它。

当你学会一门语言,不仅获得了一种交流工具,也得到了打开一座文化宝库的钥匙,得以访问由该语言所编码的知识体系;这些知识最初被存储在口述传统之中,由巫师、祭司、吟游诗人或说书艺人背诵和传授,其内容包罗万象,从创世神话、世界秩序、祖先谱系、英雄故事、巫术咒语、卜书卦辞、仪式指南、天文历法、编年记事、外交关系、地理博物、食物禁忌、道德戒律、格言警句……总之,任何被认为值得记忆和传承的知识。

当这些内容被用文字记录下来时,便产生了最初的一批经文;无论口述还是经文,都有一个专业群体持续地诵读、阐释、抄写和传授,并在仪式性活动中加以实践和运用,这些活动构成了早期宗教的主要内容,那时的宗教涵盖了群体的全部精神生活,教士们承担着为共同体维护整个知识系统的职能,直到后来社会变得更复杂，分工更细之后，文学、历史、哲学、科学等知识领域才逐渐从中分化独立出来。

随着时间流逝，口语在迅速演变，但诵读经文的语言却要稳定得多，为与经文保持相容，知识群体的工作语言被迫变得极度保守，于是逐渐脱离日常口语而成为独立语种；当社会扩大、群体分化、经文流传，习诵这一经典语言的群体也随之而扩张，尽管在此过程中口语不断流变，经文用语却保持稳定，最终在所有采纳这套经文的社会中成为通用语。

极端守旧主义的胡特尔人（Hutterites）移居北美后成功保存了其文化独特性，四百五十多年后仍然说着从瑞士山区带来的高地德语蒂罗尔方言，四百年间这种语言当然改变了很多，有意思的是，它分化成了两支，一种用于日常交流，小孩自动学会，成为母语，另一种只有在阅读圣经和援引经文时才用，由于经文语言的保守性，后一种明显保留了更多古老成分，孩子们在六岁后须经过几年学习才勉强掌握。

成文经典往往对文化较为原始的周边社会有着巨大的吸引力，加上早期的知识群体常因服务于贵族阶层和权力机构而获得一种尊崇地位，因而诱使周边社会的精英阶层学习其经典语言；梵语（Sanskrit）是典型的例子，随着印度商人将佛教和印度教及其经典带入东南亚，梵语成了当地上层社会的通用语，巴利语（Pali）在北印度佛教地区也曾取得类似地位。

与本土语言（vernacular）和商业语言相比，经典语言渗透性更强，在社会中扎根更深，不仅因为有一个专业群体持续维护它，更因为它编码的知识系统更复杂庞大，因而对学习者更有吸引力，这就像那些积累了大量代码资源的计算机语言在吸引程序员上的优势一样，这也是为何像希伯来语这样的古老语言能够在丧失母语人口之后仍香火不绝，而人类第一种经典语言苏美尔语（Sumerian），在其口语地位被阿卡德语（Akkadian）取代之后，仍然作为经典语言存在了 1800 年，直教人想起COBOL。

编码经典的过程也将经典语言改造得更为精致优雅，更具表现力，因而更能赢得社会精英的青睐，后者对演讲、政论、辞赋等非日常表达有着较高需求（有趣的是，胡特尔人在表达比较抽象和高级的概念时也常会改用他们的经文语言）；这一点很重要，因为人类有着效仿身边地位或声望较高者举止嗜好的普遍倾向，在传统等级社会中，这一倾向使得上层贵族文化持续地瀑布式向下渗透，从而强化经典语言的通用语地位。

当文明繁荣生长，经典语言也逐渐超越宗教和经文而进入更大众化和实用化的领域，通过文学创作、历史编纂、律法行政等书面应用，渗透进更多社会事务中；和苏美尔语一样，希腊语最初也是从城邦间贸易中产生的商业语言，经历黄金时代的文化繁荣而成为经典语言，进而因其丰富而优秀的文化宝藏和尊崇地位而长期为罗马贵族所习诵，类似于汉语文言在朝鲜、越南士大夫阶层和法语在 19 世纪俄国上流社会的情形。

希腊语的通用语地位此后又被基督教所强化，散居希腊化世界的犹太人也都采用希腊语，托勒密王朝时，亚历山大城的一批犹太学者用希腊语翻译了《72 士本圣经》（Septuagint）希伯来圣经（即《圣经·旧约》），而《圣经·新约》各篇更直接以希腊语撰写；在西欧，这一地位此后又被拉丁语所接替，并一直延续到宗教改革之前，在学术界的寿命还要长出两三百年。

创造通用语的另一条途径是行政需要，最早的例子是阿卡德语，它是两河地区闪族统治者的母语，借用了苏美尔语的书写系统（即楔形文），在阿卡德帝国时期（公元前 24—前 22 世纪）凭借闪族的政治和人口优势在日常应用中逐渐排挤苏美尔语（它不是闪米特语），令后者日益局限于仪式和高雅场合；正因为有了书写系统，以及大批掌握它的书吏，旧亚述和巴比伦王朝才得以将其用作帝国行政，并在此后 1200 多年中成为近东地区的通用语。

亚述帝国带给阿卡德语的成就，以及此后马其顿帝国、罗马帝国、秦汉帝国分别带给希腊语、拉丁语和汉语的成就，使得一些人认为，帝国权力是决定一种语言能否成为通用语的主要因素；然而，正如尼古拉斯·奥斯特勒（Nicholas Ostler）在其语言史巨著《语言帝国》中所指出的，事实远非如此。

马其顿人带给希腊化世界的标准希腊语并非他们自己的母语，罗马帝国最积极推行的是希腊语而非拉丁语，蒙古人空前绝后的大征服丝毫没有提升蒙古语的地位，伴随蒙古铁蹄而传播的是突厥语和波斯语，屡屡征服中国的突厥、蒙古、通古斯民族没有一个能让自己的语言取代汉语，荷兰帝国对传播荷兰语也毫无帮助，反倒成就了马来语（荷兰殖民者将它作为通用语在东印度群岛大力推行）。

经历最奇特的要数阿拉米语（Aramaic）了，原先居住于两河地区西北边缘的阿拉米人并没有发达文明，更没有自己的经典，也不是帝国创建者，但他们的语言却幸运地被新亚述帝国（公元前 10—前 7 世纪）挑选为行政语言，并逐渐取代阿卡德语，后来又被波斯帝国发扬光大，成为整个东方世界——近东、两河、埃及、阿拉伯半岛、小亚细亚和外高加索——的通用语。

阿拉米语的成就大概源自两个因素，首先是阿拉米人大量外迁并且广泛分布于上述地区，这些移民普遍拥有双语能力（阿拉米语和所在地语言）；其次，他们很早便采用了腓尼基字母，并将其改造成阿拉米字母，后来的历史证明，字母是远比楔形文更灵活高效也更容易学会的书写系统。广泛散居、双语能力和字母系统这三个条件，使得阿拉米人特别适合在帝国行政机构中担任书吏。

有意思的是，正当阿拉米语作为行政语言的地位开始削弱之际，基督教的兴起为它带来了新生，许多东方教会用它书写经文，让它成了和希腊语并驾齐驱的基督教经典语言。

单纯的武力优势和军事征服之所以对散布征服者的母语没多大效果，有两个原因。首先，入侵或征服队伍中通常男性占绝大多数，他们会在当地娶妻生子，而在传统育儿模式下，儿童的语言学习环境主要由母亲而非父亲决定；其次，假如征服者缺乏书面语传统和识字群体，便无法在自己的母语人口中找到足够多书吏来组织行政系统，从而将自己的语言确立为行政语言。

这就解释了为何日耳曼人对罗马帝国疆域的全面入侵在语言上几乎没有留下任何痕迹，因为日耳曼人没有书面语（极少量碑铭文字仅限于仪式性用途），其入侵也并未以拖家带口的拓殖方式进行，唯一的例外是盎格鲁—撒克逊语言在不列颠的流行；但据历史学家大卫·基斯（David Keys）认为，6世纪中期查士丁尼大瘟疫（淋巴腺鼠疫）蔓延至不列颠，消灭了当地大部分人口，所以在撒克逊人大规模入侵时，那里正一片荒芜。

相比之下，当罗马开始征服高卢时，凯尔特人也没有书面语，而拉丁书面文化已高度发达，加上罗马人大量设立军事拓殖点，凯尔特语遂被彻底取代；在中南美洲，尽管西班牙语作为行政语言的地位在征服后迅速确立，但由于殖民者大部分是男性，所以直到近代基础教育普及之后，西班牙语才作为日常语言大规模取代本土语言。

相反，北美土著人口稀少，而新教徒大多是拖家带口的拓荒者，英语地位从一开始便牢不可破；殖民加拿大的法国天主教徒则多数是单身汉，几代之后都不会说法语了，于是法国政府招募了一大批少女孤儿由政府出资送往加拿大，这才保住法语在魁北克的地位。

文字、书面语传统、经典以及围绕经典的教育传统、识字人口、被帝国选为行政语言、相对于周边民族的文化尊崇地位、由人口增长和自发拓殖所推动的有机扩张——当所有这些因素凑到一起时，一部巨型语言推土机便在远东诞生了。

这部推土机的中央引擎是科举制度，它把经典传统和行政官僚机构紧密捆绑，使得研习经典成为社会地位爬升的主要手段，其激励效果极大提升了官方汉语的渗透性，并将文人阶层培植成为帝国权力的最忠实拥护者，正是这一政教合一系统创造了空前牢固的官方通用语、中央集权和大一统倾向。

然而，这一体制在成就汉语官话第一大语种地位的同时，也将知识生产系统牢牢束缚在经典传统之中，完全丧失了创造力，所以尽管这个社会早已有了成熟的印刷出版业和庞大的图书市场，在知识创造上却乏善可陈，一旦某天其繁荣程度连做梦都没想到过的现代文明叩门而入，它两千多年来所乐享的尊崇地位便轰然垮塌了。

在中世纪西欧，尽管知识活动在很大程度上局限在教会之中，但毕竟没有一个中央权力成为知识分子的唯一服务对象和命运决定者，罗马教廷与各国君主之间矛盾不断，各自支持对立教皇，从1080年到1449年共有过20位对立教皇，2/5的年份有两位甚至三位教皇，所以各种异端总是能找到庇护者。

实际上，宗教改革的先驱们都是因为得到某位或一批君主的庇护才赢得活动空间，首部英文版圣经的翻译者威克里夫（John Wycliffe）便是英王对抗教皇的帮手，胡斯（Jan Hus）和马丁·路德分别得到波希米亚国王和萨克森领主的庇护，加尔文（John Calvin）则先后在巴塞尔、斯特拉斯堡和日内瓦找到安身之所。

得益于权力分立和政教分离的状态，观念竞争和思想多样性在西欧始终星火不灭，最终由印刷术、出版业、通信、期刊、学会组织等技术和组织元素，将点点星火融汇进了一个巨型知识反应炉，引发了宗教改革、文艺复兴、哲学启蒙、科学革命和工业革命这一连串知识核爆炸，其结果便是我们如今所看到的现代文明。

　　在这场知识革命中，英语从一开始便走在前面，英国拥有最古老的自治大学（那里也是宗教改革的发源地）、最古老的科学学会、最古老的科学期刊，并最早采用同行评审制；随后的工业革命、不列颠治世（Pax Britannica）和美利坚治世（Pax Americana）又急剧放大了英语和其他语言之间的差距，最终确立了其全球通用语的地位；这一切，自然要归功于英国人的古老自由传统，以及由此传统所孕育和保养的宪政与法治。

　　如今，英语编码了（且编码着）绝大多数人类知识，任何希望访问并受益于这一知识体系，进而参与全球知识创造活动的人，都将有兴趣（也不得不）努力学会它。

## 3 布履星罗

在古代，尤其是前国家时代，对陌生人和陌生之境的恐惧弥漫于整个文化之中，这种情况下，是什么让身居两地的人们感觉生活在同一个社会？相互熟悉，并且发现彼此在一些重要方面有着足够多的相似之处，是一个必要前提。（当然，熟悉之后也可能发现彼此差异过大因而产生隔膜和敌意，不过，这不是我们所要谈论的重点。）

熟悉是由频密的交往——特别是人员往来——所保证的，对于一个几百公里外的地方，假如你时常见到从那里来的人，熟悉他们的谈吐举止，你的亲戚朋友中也不乏去过甚至长期居住在那里的，你时常听他们谈起那边的风土人情，从戏曲文学中你也能直观地体会到那边的习俗风貌，那么，你对那个地方就会多一些亲切、少一些恐惧。

唯有获得了这样的安全感，你才敢在需要时造访此地——或许是为了敬拜那里的一个神祇，顺便做点买卖——你也才敢让你儿子去那里学手艺，或者把女儿嫁过去，甚至某一天当你在家乡混不下去时，或许会考虑去那里试试运气；总之，现在这个地方对你是开放的，是你可以自由行动于其中的那个安全世界（至少在最起码程度上）的一部分。

维持这样的安全感（以及某种共同体意识）并不需要所有人都参与上述流动，实际上，在火车轮船出现之前，大多数人一辈子的活动范围都局限于家乡附近几十公里之内；但只要有一小部分人时常穿梭往来于各地，短期或长期客居于他乡，他们便可建立起跨地区的社会关系网络，成为联结各地方社区的纽带。

最初扮演这一角色的是族长、酋长等部落权势人物和他们的子弟与随从，权势家族通过与其他部落的权势家族持续通婚，建立起一个跨地区的姻亲网络，这样当他们旅行穿越友邻部落时，便可得到姻亲权贵的庇护和帮助。

随后是商人、工匠和艺人，他们起先主要服务于各地权贵，并因此而在旅途上得到后者庇护和招待，他们可以为权贵们带来战争所需的关键物资（比如金属），以及维持尊崇地位所需的奢侈品，也是重要的情报来源，因而权贵们乐意为他们提供庇护。

有了国家之后，这一往来人潮的成员日益丰富，规模也大为膨胀，武士、官吏、僧侣、运输业者、流动服务的工匠、朝圣香客，皆营营于其中。

在封建体系中，巡狩领地是早期领主们治理活动的核心内容之一；随着王权扩张，宫廷和都城的中心地位才逐渐确立，控制封臣的手段转为要求他们定期朝贡，参加领主的重要庆典，以反复确认效忠关系，最强盛的君主还会要求封臣将子女送到京城接受教育，同时充当人质。

定期朝贡、质子留京和经常参与朝政，迫使封臣们将很大部分时间花费在旅途上和京城内，并不得不在京城拥有宅邸；这些封臣本身往往也是大领主，无论旅行还是居住都有大批随从相伴，他们的存在繁荣了都城经济，并会培育出一种精致优雅的贵族文化。

此后，当他们（尤其是在那里长大的质子们）回到自己的领地，就把这一文化（连同口音）也带了回去；这一点对于共同体的维系极为关键，共同的语言、文化、传统、价值观，以及对文化中心的共同倾慕和向往，提供了一种强大的向心力和认同感，也是支撑王权的一大基石。

德川幕府在这方面做得特别成功，从掌权伊始便建立了参勤交代制度，各地大名将妻儿留在江户作人质，每年春天携大批随从（少则几百，多者数千）前往江户朝觐，他们在江户逗留的时间日益延长，有些近畿大名甚至常年定居江户；参勤交代制度造就了江户的极度繁荣，1721 年时其人口已达百万；该制度也加速了日本的民族融合，到幕府后期，日本文化的同质化程度已非常高，也正因此，后来的民族主义运动才如此顺利。

集权帝国对人员流动的需求更大，不过参与流动的主要是官员士绅、役夫和士兵，特别是官绅的大跨度经常性流动，对形成共同文化起了关键作用；中原帝国出于遏制贵族和地方势力，强化中央权力的需要，从汉代起便从平民中选拔官吏，到唐代发展为科举制，该制度在宋代臻于成熟，贵族和地方门阀彻底消亡。

科举取士与任职回避、超短任期、频繁调动及丁忧惯例结合起来，迫使官绅花费大量时间在各任职地与京城、家乡之间来回奔波；按规定，宋代地方官的任期为三年，但实际上平均任期大概只有一年半；虽然有些情况下官员在接到调职令后可以直接奔赴新任所，但通常他们会在两个任期之间返回京城；此外，当父母重病时，他们需要休假回乡伺奉汤药，父母亡故时，更需回家守孝。

朝廷规定的赴任期限为两个月，偏远地区宽限到三个月；可实际上，赴任行程延宕逾期十分普遍，士大夫们宁愿将他们的旅程变成一次悠哉闲适的文化乐旅和社交巡游，一路呼朋唤友、游山玩水、欢宴雅集，践行酒连喝三五日，玩得兴起在一地逗留十几天，都是平常之事。

这一情况在朝廷对士大夫格外优裕宽厚的宋代尤为突出，1170 年陆游出任夔州通判时，从山阴到夔州走了五个多月；相比之下，明清官员更像是给皇帝打工的奴才，1810年著名勤勉能吏陶澍办理四川学政时，从北京经山陕走褒斜道至成都，后又由长江走水路回京，来去分别都只用了63天。

如此算来，官员仕途生涯中至少1/5的时间花在旅途上，全国五六千地方官，任一时刻都有一千多走在路上，每人带着数十上百名随从，碰上开科取士的年份，还有数万赶考学生及其仆人加入他们的队伍，这还没算上官员任期中在其辖区内的中短程旅行。

官员的频繁调动和长距离旅行为帝国带来了巨大的财政负担，但因为它在形成共同文化和强化中央集权上的关键作用，这也是帝国最乐意承担的一笔开支。

同时，由于地方官有责任为因公过境的官员提供交通工具、驿站服务、向导和役夫，并确保道路畅通，地方官在这方面的疏失将直接惹怒过境官员而遭到参劾，所以频密的官宦旅行也起到了建设、维护和测试帝国交通网络与后勤系统的作用，如此便可确保这一系统能在战争期间为军队提供服务。

作为上述努力的副产品，这样一个得到经常性维护的交通网络的存在，也为平民生活带来了很大便利，并极大促进了地区间贸易；尽管平民和商人不能使用官方的驿站服务和交通工具，但只要道路畅通、路标清晰、沿路盗匪被清除或压制，那么私人的长途旅行就变得可行了；这些旅行者进而会在官道沿路催生出一批面向私人的客栈和商户，因而进一步改善旅行便利性。

在古代，受限于知识储备、技术水平和安全条件，长途旅行始终非常艰难，这对商品流通和社会流动构成了最基本的制约，这些制约条件在数千年间都没多大变化（特别是在陆地上，变化更小），它们就像一组节拍器，限定了传统社会生活的基本节奏，熟知这一局限，以及人们在其限制下如何展开旅行，对我们理解传统社会大有助益。

在陆地，无论使用何种交通工具，常规旅行速度限于每天20—50公里，以30多公里较为常见；这不是说更高速度无法实现（实际上，通过不断更换上等快马，单人旅行的极限速度可达每天300多公里），而是说从50公里往上继续提升速度的边际成本极高，通常不值得负担，除非是为了投送高价值且对时间极为敏感的军事和商业情报。

条件适宜时，水路要快得多，但水路有更多不可控因素，风向、潮位、大雨、洪水，都可能将旅行者困阻多日；与速度相比，水路更显著的优势在于载重能力，负载越大，水路的成本优势越明显，所以乘船旅行者可以随船携带沿路所需补给品，可以在船上吃饭住宿，这就大大降低了对驿站和客栈等交通服务设施的依赖。

水路的停靠地点选择也更自由，必要时可以日夜兼

程赶路；所以古代旅行者总是优先选择水路，特别是运
输大宗货物的商人；陶澍在 1810 年选择旱路入川是出于
安全考虑，因为走水路需要穿越不久前川楚教乱的核心
地带；翻阅《徐霞客游记》可发现，他总是尽可能走水
路，哪怕为此绕点远。

旅途上，公差官员和应试举子可使用驿站服务，平
民百姓则只能找私营客栈，在重要商路上的大城市，商
人有时还可住进同乡会馆；但客栈和会馆都不像官方驿
站那样，确保一日行程内至少有一家，反倒是佛寺道观
的数量和分布间隔更有保障；事实上，大部分寺院都兼
营旅馆业，有些地方的尼姑庵甚至还在住宿之外顺便提
供性服务。

徐霞客在其数十年旅途上大部分日子都吃住在寺院，
得到当地官员照顾时，也经常住驿站，若走水路，有时
会在船上过夜，在北方客栈和寺观分布较稀疏的地方，
偶尔还有过几次野外露宿的经历；即便是有驿站可住的
官绅，也常投宿于寺院，苏轼便以酷爱寻访寺院出名，
那里不仅环境优美，还可与高僧谈经论法、诗词唱和，
沾得些仙风禅气。

尽管与前国家时期的霍布斯世界相比，旅途已安全
得多，但安全问题仍是古代旅行者的重大关切，他们通
常与熟人结伴而行，极少有单独行动者；在诗文中，士
大夫总喜欢用"古道西风瘦马"之类词句把自己描绘为

孤独凄苦的游士浪子，千万别信这些鬼话，那只是修辞的需要，没有大批随从辅助，文人墨客将寸步难行，哪来心思吟诗作赋。

宋代官员出行随从至少三五十，多则三五百，水路配船至少两条，多则五条，通常由沿路地方官安排，充任役夫的主要是厢兵；1103 年黄庭坚被革职发配广西宜州管教，一路备受地方官刁难，即便如此，他仍有 16 名随从相伴；徐霞客一路上至少带着两名仆人，外加雇佣的船家和向导，有时还有地方官派来的帮手。

1637 年游历湘江流域时，徐霞客一路为盗匪出没而提心吊胆，常泊舟于幽僻处不敢上岸，一次其年轻仆人耐不住好奇上岸看热闹，果然引来盗匪洗劫，差点丧命；有时仆从也是危险来源，徐霞客惯于将贵重物品单独锁在一个大箱子里，钥匙不离身，但在大理时，一次上山拜访名寺，把箱子留在山下客栈，上山后想起忘带某物，让仆人去取，结果这个跟随他多年的顾姓仆人就卷上细软跑了。

古代旅行区别于现代的另一个方面是导航方式，古人不用地图导航，至少不用现代意义上的比例尺地图（scale map）；古代确实存在试图描绘真实地理尺度和坐标的比例尺地图，比如托勒密地图，还有马王堆出土的西汉长沙国军事地图，但那不是用来辅助旅行的，而是用于战略谋划（比如马王堆地图），或行政管理（比如南宋平江城图），或仅仅用来满足哲学家的好奇心或帝王的虚荣心。

著名的罗马帝国交通图波伊廷格图版（Tabula Peutingeriana）曾被一些人称为"地图"，其实算不上地图，而是交通线路图，最接近的现代对应物是地铁线路图，它旨在描绘各条线路与所经地点之间的拓扑关系，而丝毫不关心其坐标和尺度之准确性。

古代旅行者实际使用的线路图通常每幅只描绘一条线路：从甲地到乙地依次经过哪些城镇或驿站，间隔里程分别是多少，这些信息完全可以用文字描述，实际上本来就是以文字描述的，它们最初由亲历者记在旅行笔记里，后人从笔记中将关键信息摘抄出来；当旅行需求日益旺盛时，便有书商将这些信息汇编成册，向旅行者出售。

欧洲著名的《安东尼里程表》（*Antonine Itinerary*）便是这样一份汇编，纂于罗马帝国早期，南宋临安城外的白塔桥驿站也曾出售类似的旅行线路汇编，清代较流行的商旅书《示我周行》和徽商所编《万里云程》皆属此类。

波伊廷格图其实就是将类似《安东尼里程表》的线路信息绘制成图，透露这一渊源的关键线索是：该图上许多地名所用拉丁词和里程表一样，用的是受格、位置格和夺格等间接格，而不是像托勒密地图那样用主格，理由很明显：这些地名原本在旅行笔记中是以"从 XX 经由 YY 到 ZZ"的句式出现的，绘图者将其抄录到图表上时照搬了原有词格。

线路表上的里程，有些是旅行者沿路按里程碑上的数字所记，罗马大道一般每隔四五里（罗马里，约 1500 米）设有里程碑，中国官道的里程碑称为"堠"；没有里程碑时，要么靠估测，要么采用"程"（一日行程）或"驿"（所经驿站个数）等更粗略的计程单位；有些罗马城市或交通要道处还设有碑牌，上刻周边若干线路的里程表；少数里程碑／牌还起着岔路标的作用。

这样，旅行者只要事先获得通往目的地的线路里程表，那么他只需在每个节点弄清楚去下一个节点该怎么走即可，由于两个节点之间的距离最多不过几十公里，这一点不难打听到，通常所住客栈或所雇车马船家都很清楚；换句话说，只要严格遵循预定线路，旅行者并不需要现代式的比例尺地图，也只有像徐霞客这样线路不明确、经常穿越荒僻之境的漫游式旅行者，才需要时常雇佣向导。

官绅和商人在全国范围的频繁旅行，至少在精英阶层缔造了一种统一文化，类似于当今全球化世界的"达沃斯文化"，交通条件在其中所扮演的角色，可以从江南与帝国的关系中窥见一斑。

经唐宋两代大规模开发，江南成为帝国经济中心，宋室南渡更强化了其中心地位，在明永乐迁都北京之后的五百多年里，尽管它失去了政治中心地位，却在文化上始终自成一体，保持着独立性，并且构成了帝国的一股重要离心力。

这不是因为它离北京太远，相反，由于大运河的存在，它与北京的交通比同等距离的其他省份方便得多，但它的文化独立性和离心力向来远超其他地区；江南的离心是因为它内部交通太便利了，密集的水网、密布的市镇，加上明后期因白银大量流入而带来的商业繁荣，令其水上交通业极为发达。

江南士绅的频繁交往造就了一个紧密的社交圈，并发展出了独特的文化认同，讲学、结社和结党活动异常活跃，典型的例子是晚明的东林党和复社；明后期这些政治活动甚至扩展到了大众领域，出现许多政治小报和"揭帖"，类似于17世纪盛行于英格兰的政治小册子。

尽管多数江南士子也会谋求出仕，但他们中间总有一种自己抱团并与其他人疏远的倾向，这大概也是为何每当帝国崩溃之后，他们之间的组织纽带和自我认同仍然能够延续的原因所在。

一个颇为相似的例子是埃及，尼罗河为埃及人提供了一条高速公路，沿河交通极为便利，这使得埃及无论处于罗马、拜占庭、阿拔斯还是奥斯曼统治之下，总是能保持其独特性并与帝国其余部分格格不入。

# 4 藕断丝连

在多数人都生活于小型熟人社会的年代，那些因职业需要而时常旅行于各地或寄居于他乡的少数人，便成了联结众多小社会的纽带；这一纽带作用得以发挥，有赖于这些流动群体的成员之间，以及他们与家乡之间存在足够频繁的信息流动。

然而正如前面已经讲到的，古代长途旅行动辄耗时数月，出门一次往往要在异乡待上几年，假如他们与家乡（或他们由此出发的那个据点）之间的信息流动也遵循这样的节奏，那么这些群体既难以保持其文化特质，也无法在更高层次上创造一种共同文化；这样的话，他们要么像历史上那些散居于避难地的战争或饥荒难民那样，很快被溶解在当地文化的汪洋大海中，要么像东欧吉普赛人那样，成为游离于当地社会的边缘群体。

事实上，经常性的流动群体一旦存在，便对通信有了强烈需求；仅仅出于履行基本职能（无论行政的、军事的、商业的，还是宗教的）的需要，他们也必须借助某些通信手段，而不能将所有信息传递都推迟到下一次见面，若不然，协调、合作、干预、控制等组织功能便无从实现，超越小社会的上层社会结构也就不会出现。

为实现快节奏通信，人们发明了很多传输方法，烽烟、锣鼓、信鸽、旗语，乃至拿破仑时代风靡一时的臂板信号塔（semaphore tower），但这些方法要么传输的信息量极少，要么只能沿个别线路传输，而且都极其昂贵，所以在电报和铁路出现之前，绝大多数信息仍然靠人携带，因而其绝对移动速度并不比旅行速度更快。

既然如此，快节奏通信又是如何实现的呢？答案是异步通信，或者用业界黑话，叫非阻塞式通信；如今享受着廉价高速通信的人们已习惯于把同步（即阻塞式）通信视为理所当然：甲向乙发一条消息，等待乙响应，收到回复后再发下一条，如此往复；我们在打电报、讲电话、发电邮时，莫不如此。

在龟速通信的古代要是也这么做，一年也通不了几次信，那样仗没法打，生意没法做，行政管理也无从进行；那些其工作有赖于频繁通信的古人，一般的做法是：只要条件允许，就按固定间隔给通信伙伴发信，而不管对方是否回复或何时能回复，在条件较差的情况下，这往往意味着抓住每一次发信机会。

这样一来，通信双方的对话线索就被打散了，这就要求对话者记住以往的交流内容，并在头脑中重建其时间序列和通话上下文，在阅读信件时，须随时意识到对方是在已经收到哪些信息的情况下做出回应的；为方便这样的线索重建，避免差错，那些通信任务较繁重的官员和商人，会将寄出的每封信及其收发状况誊抄下来以备查对。

波斯、罗马、秦汉等古代帝国，都曾出于行政和军事的需要而建立了大型邮驿系统；统治辽阔疆域所带来的好处，以及帝国的庞大资源，让他们既有意愿也有能力将通信效率提升至当时技术条件所允许的极限；这些系统覆盖了帝国境内的所有行政中心和军事据点，从而首次将原先自发形成的零星线路连接成一张四通八达的通信网络。

这样的系统一旦建立，总是（和其他公共设施一样）不可避免地被用于私人目的，于是客观上至少为社会的上层精英提供了一种普遍可用的通信手段；同时，它也在精英阶层和文化中心之外培育了一批能读会写的书吏，这样，即便那些不会读写的人，在必要时也往往能在其社会关系网络中找到某位能帮他写信和寄信的人。

书信在基督教的早期发展中起了重要作用，使徒时代的教会领袖们广泛使用书信与其追随信徒建立联系、阐明自己的观点、解答他们的疑问、反驳对立的观点；保罗在地中海各地创建了众多教会，并严重依赖书信与这些教会保持关系，据某些学者认为，他在被囚禁于罗马期间发出的多封书信可能还利用了帝国的邮驿系统。

这些使徒书信中有些保存了下来，并被奉为正典，编入经籍，它们构成了《新约》35% 的篇幅；罗马教会的领袖们延续了这一使徒传统，格里高利一世在其 14 年教皇任期中给各地教会和传教使团写了大量书信，保存下来的就有 854 封。

若没有良好的通信条件，基督教从众说纷纭向少数信条的教义收敛过程或许就不会发生，像罗马教会这样中心化的层级组织更难以建立，那样的话，基督教会将和众多佛教流派一样处于松散和各自流变的状态，因而无法成为独立于国家的另一个权力中心。

通信也在中国士大夫阶层的形成中起了关键作用，先秦士子游走于列国之间，促成了华夏认同的产生，但这一认同仅限于文化层面，在有关政体该如何组织，政府、司法和道德在社会秩序中各自扮演何种角色，君主、贵族和平民应以何种关系相处等意识形态问题上，各家有着截然不同的态度。

帝制时代那个高度同质化的士大夫群体，崛起于东汉，也正是纸张开始普及，私人通信变得流行起来的时候，这并非巧合；邮驿系统在东汉已臻成熟，而此时法令也早已不如帝国早期那么严苛，对权势日盛的士族门阀私用公器不再构成约束，凭借其官职、门阀地位和关系网络，士人之间在全国范围内经常互通书信俨然成为常规，书法也是在这一时期发展成了一门高雅艺术。

频繁的私人通信逐渐在士大夫之间孕育了一种高度内聚的共同文化，有关道德与政治的儒家主流意识形态从此牢固确立，两千年内未受挑战（这当然也离不开集权帝国的长期推行和对异端的压制）；这个同质化精英集团是凝聚帝国的最强大力量，即便在分裂时期，统一集权帝国永远是士大夫的最高政治理想，地方主义和封建传统再无存身之所。

三国时期，群雄蜂起，士子奔走四方，投靠自己心目中的潜力股，在选择主公和盟友时，地域归属从未列入重要考虑，甚至家族纽带也退居其后，往往同门兄弟各效其主，诸葛家族的亮、瑾、诞各自为蜀、吴、魏效力，然而混战和割据并未撕裂这个士大夫共同体，他们不仅跨越边境频繁往来，更始终保持着密切的通信关系。

单一化的集权帝国意识形态，使得争雄战中一旦某方取得明显优势，整个士大夫群体便毫无道德负担的争相归附，忠诚与独立在天命所归的名义下被轻易抛弃，在这样的政治传统中，多方共存的均衡难以长久维系。

知识精英之间通过频繁往来的书信交换思想也是推动欧洲文艺复兴的一股主要力量，由此联结而成的欧洲知识界被历史学家称为"书信共和国（Republic of Letters）"，他们平时以书信联络，有机会则聚在私人沙龙里高谈阔论，在印刷出版业兴起之后，他们又迅速利用这个新平台发行期刊，这些期刊实际上是一种广播式通信，主要订户就是原来通信圈里的人，也正是这些圈子和他们的期刊孕育了后来的科学社区。

所以东西方精英同样基于通信建立了高度同质化的知识阶层，只是两者的特性因为政治结构所造成的激励方向的不同而大异其趣。

通信也是长途贸易得以开展的前提，早在国家建立邮驿系统之前很久，商人们便已开始用书信协调贸易活动了，甚至最早的文字很可能就是商人为处理商业文书而发明的，最早的字母文字则几乎肯定是腓尼基商人为商业用途而发明；通常，合作经营一条商路的贸易伙伴（往往来自同一家族）会定期从商路两端向对方发送当地的需求、价格信息及业务指示，以方便对方决定如何备货和发货。

四千年前的亚述商人所留下的大量楔形文泥板中，包括了很多商业书信；经营跨托罗斯山脉长途贸易的卡内什商人留下了数千块泥板书信，从事地中海贸易的希腊商人则将书信写在铅板上，古代地中海世界和近东地区更为流行的书写材料可能是莎草纸，尽管易腐性使它较少得到保存，但幸存于埃及沙漠中的纸草档案中仍可见到数以万计的商业文书，包括书信，类似气候条件也让中亚粟特商人的一批书信在敦煌遗址中保存了下来。

商路的建立为无缘利用官邮的平民大众提供了另一

种与远方通信的机会，这一点乍看起来有些不可思议：每条商路只能覆盖少数几个地点，除非寄信者的投递线路恰好与其中某条重合，否则如何确保寄出的信件辗转多条商路后顺利到达收件人？事实上，尽管效率很低，可靠性也较差，委托商家捎带书信的做法不仅行得通，也很普遍。

虽然每条商路覆盖点有限，但各条线路往往会在一些中心都市相交，并且经营不同商路的商家通过设于都市的同乡会馆和行会组织有着紧密联系，这就为书信转寄创造了条件；一份私人信件的典型寄送过程是：寄信人首先了解到哪个城市有收信人家乡的同乡会馆，然后在自己的关系网中找到一条通往该城市的商路，最后按所选路线在信封上写明如何转寄和递送，并交给不久将前往该城市的商人（这一步常需要通过中间人）。

乾隆年间一位名叫姜炳璋的浙江学官留下的一份通讯录中有这么一条：

> 李宪荣士台，住福建建宁县北乡巧洋，如有信可寄至杭州生漆行，有建宁卖漆客，即可寄信。或往苏州到郡武会馆可寄信至建宁。[1]

---

[1] 见彭凯翔：《从交易到市场》，第 26 页。

如果收信人在当地名气足够大，可以通过任何途径寄到所在县城后，让送信人在当地士绅中打听即可：

> 鲁仕骥絜非，住江西新城县十九都中田里，其父字汉漪，凡有新城人，祈可寄书，须书伊父之字。或寄至江西省城寺步门内致和典陈宅转寄。[1]

沿商路递送信件的末端一般是县城，对于精英来说，此时信件已肯定进入收信人的熟人圈（其规模受限于邓巴数）活动半径之中，因而有着种种机会最终送到他手里——或由熟人捎带，或由本人进城时自取；假如捎信者社会地位低于收信人，按习俗他通常可以拿到酬劳，这一激励确保了总会有人殷勤的帮助书信走完这最后一段旅程。

有些情况下，收信人未能在最近的城市指定一个代收点，或者信件性质要求它由本人亲收（比如要求送信人立等回复的信件），那么寄信人就必须在信封上写清楚如何找到收信者本人，这一点在古代并不容易做到，因为对区划、地名、路名的规范化是近代邮政发展的结果，门牌号和城市地图的出现则更晚。

不妨看两个例子，其一来自前引姜炳璋的通讯录：

---

[1] 见彭凯翔：《从交易到市场》，第26页。

秦君宜相芳，住常州无锡县后联元街，进西门则在无锡县治由左向北，走过铸钟桥便是，进南门则直街走过大市桥，往北过胡桥，转西便是，水路自苏至无锡南门外跨塘桥，进南水关，经胡桥泊岸，城外行船，则自西码头泊岸亦可。[1]

其二是一位罗马士兵写给送信人的寻址指示：

从月门朝谷仓方向走，过公共浴室后第一个路口向左转，到××【此处缺字】后向西，下台阶再上台阶……过神庙地界后向右转，那里右手有座七层楼，一座门楼顶上有尊幸运女神雕像，对面是家编篮铺，在那里打听一下，或向看门人询问，或大声呼叫，有人就会告诉你。[2]

对于熟人小社会，一旦信件到达村、里、街坊社区这一级，社会关系网便可确保它最终被送到收信人手里，所以像门牌号这样的精确地址编码并非必需；可是在流动性较高、邻里之间未必那么熟识的城市，特别是在居

---

[1] 见彭凯翔：《从交易到市场》，第26页。

[2] 见 Colin Adams & Ray Laurence:*Travel and geography in the Roman Empire*, p.151。

住密度很高、存在大量出租屋的中下阶层社区，仅靠社会关系找到一个人就没那么方便了。

在门牌出现之前，欧洲城市的地址标识问题一般通过对建筑物命名来解决，上层家庭会在住宅门口悬挂类似于店铺招牌的宅名牌，而有着众多住户的公寓楼则会在外墙上钉一块楼名牌子，但是在大城市，宅名和楼名也无法解决重名问题，因为用作宅名的家族姓氏同名率很高，大楼命名同样缺乏消除重名的机制，18 世纪 90 年代的维也纳有 29 栋楼被命名为"金鹰"，仅仅市中心就有 6 栋。[1]

随着商业繁荣，城市人口膨胀，寻址问题日益突出，欧洲各国在 18 世纪纷纷推行了门牌制度；不过，门牌系统最初并不是用来方便陌生访客和送信人的，而是用来方便政府官员——特别是征兵官、税务官和警察的，各国政府推行它的动机和东方帝国建立里甲户籍制度一样，都是为了强化人口统计和控制，所以在时间上，也和欧洲民族国家的兴起，以及普遍兵役制、警察制度和直接税制度的发展相吻合。

门牌号的便利性是显而易见的，所以它甫一出现便很快被用于名片、广告和书信，此后现代邮政业所提供的邮政信箱，进一步剥离了通信与熟人社会的关系：你

---

[1] 见 Anton Tantner: "Addressing the Houses", p.9, 载 *Histoire & Mesure*, XXIV— 2, 2009。

无须知道某人住在哪里即可与他通信。

如同姓名、电话号码、电子邮箱、银行账号等个人地址（它们恰好都是经常出现在名片上的信息）一样，这些精确的个人地址拉松了个人与所在社区之间的关系，让他们可以直接与外部世界打交道，因而让社会关系变得更具流动性。

方便的通信让个人能够超越空间限制而扩展社会关系网，发展出基于阶层、职业、旨趣和共同利益的跨地域文化；中国士大夫借助书信吟咏唱和清议时政，欧洲沙龙更有当众朗诵未出席者来信的习俗，启蒙时代的科学家高度依赖书信交换思想，利益集团通过书信来协调游说活动。

突破空间限制也意味着个人更有机会建立多维度的社会关系，在家庭、邻里、职业、娱乐、宗教和政治等方面，可以发展各自独立甚至相互隔离的社交圈，不同方面的关系不再像过去的小社会那样全部纠缠在一起，无从选择也难以逃离，退出其中一个也不必影响其他；而从整体上看，正是无数个这样相互交错的圈子，将亿万个体编织成了一个大社会。

# 5 天生我材

　　妨碍人口流动的一个因素，是个人在陌生地方独立谋生的可能性，假如这么做的希望很渺茫，那么人们从一开始就不会冒出"出去闯一闯"这种念头，除非迫不得已（比如遭遇饥荒和战乱时），那不会成为被认真考虑的选项。

　　在现代社会，一个偏僻乡村的年轻人大可买张车票，背起行囊，揣上一两个月的生活费，就去往大城市寻找机会；这种事情在古代是无法想象的，姑且不论其他方面的种种不便，要在陌生城市找份工作养活自己，也绝非易事，因为那时候不存在一个独立于社会关系网络的劳动市场，也没有众多不关心雇员来自何方的雇主。

　　传统社会的各种经济模式中，雇佣关系并不重要，工资也不是为劳动支付报酬的主要手段；在家庭农业中，主要劳动力都是家庭成员，农忙季节的劳力不足一般通过亲戚友邻间的互助解决，报酬以宴席和礼物的形式支付，或者根本不支付，而仅仅依靠长期互惠关系得以平衡。

封建庄园经济则更为封闭，农民世代依附于领主，尽管也有一些自由承租人，但承租关系往往世代相袭，庄园领地内的非农业劳动者，诸如铁匠、皮匠、屠夫、磨坊工、牧羊人，同样依附于领主，不能随便雇佣外人。

城市对外来者相对开放一些，但传统市镇手工业大多处于行会的严密控制之下，职业机会也严格受限于学徒制，新入行者首先要找到一位愿意收其为徒的师傅，而师傅们一般只在亲戚熟人的子弟中收徒，找到师傅后，还要熬上许多年才能获得完整的执业资格；行会为保障其垄断地位，对收徒数量和学徒年限都会施加严格控制。

在古代，外来者最容易找到工作的地方，是那些不需要多少技能，也无须昂贵设备的行当，最典型的是交通运输业和土木建筑业里的搬运工、挑夫、轿夫等低技能工作，这些职业在近古中国被统称为苦力，只需一根扁担几根绳子，你就可以站在码头、集市、街口、桥堍揽活了。

可即便是苦力活也并非人人可入的机会之门，因为对苦力的需求量往往很不稳定，很可能在街边站上几天也揽不到一桩活，这就很难成为生活依靠，通常只是附近土地不足的农民利用闲暇时间从事的副业，所以从事者离家不会太远，只有一些商业中心和繁忙商路，才能提供一些可赖以为生的稳定业务，而这种情况下，苦力业务又会被帮派组织所控制，因而同样形成行会式的准入门槛。

现在我们不妨设想一位古代年轻人，出于某种原因（比如逃难、寻亲、躲避仇家，或负罪逃亡）而孤身来到一座陌生城市，盘缠只够花一个多月，有哪些机会可以让他生存下去呢？假如他来到的是像汉口、苏州这样的繁华商业城市，他可以通过贿赂某个码头的帮派头目而得到一份较为稳定的搬运工作。

如果这条路走不通，他可以拿根扁担站在街头碰碰运气，但作为外来者，他很可能遭遇本地苦力的驱逐，即便有幸凭借社交技能而立稳脚跟，这份活也很难带来稳定收入；没活干时或许可以考虑乞讨，但乞讨业同样存在行会垄断，像寺庙和闹市这样乞讨机会充裕的地段，往往为帮会所盘踞，留给散户的只有沿街游乞的机会，收入同样没有保障。

假如他愿意放弃一些自由，生存机会就会好得多，比如找一家寺院落发为僧，如果没有寺院肯收留，或者他不愿放弃娶妻生子的机会，还可以找一位牙婆帮他物色个东家好让他卖身为奴；确实，在没有成规模的、高流动性的劳动市场的年代，牺牲部分自由，委身于某位东家，与之建立长期依附关系，是缺乏土地资本的穷人更稳当的选择。

依附关系是以全面服从换取生存套餐的一揽子长期

交易：东主可以任意使唤仆佣，同时承诺无论丰歉忙闲都有吃有穿有住，甚至还有机会结婚生子，并将依附关系传承下去；相比之下，雇佣劳动虽然自由，雇佣机会零散分布的特点和数量上的不稳定，使得很少人能够将生计建立在此之上。

自由劳工的最佳机会出现在人口骤减或某些劳动密集型产业快速增长的时期；14世纪40年代开始的黑死病消灭了英格兰1/2到2/3的人口，瘟疫在此后一个多世纪中反复流行，长期抑制人口增长，在此期间，英格兰工资率大幅提升，建筑工的实际工资率150年间提高了130%，农庄雇工更提高了210%。[1]

也正是在这一时期，封建依附关系和庄园经济结构开始遭受冲击，劳动者更自信而从容地挑选工作，许多农民被高工资吸引而离开庄园，领主为留住他们不得不提供更宽厚的条件；由于工资提升长期持续，劳动者为新机会所吸引而更换东家的事情也变得更频繁，整个劳动市场因而也变得更具流动性。

假如劳动力持续短缺，工资持续增长，那么外出打工者便可打消顾虑，不怕找不到工作，八十年战争期间的荷兰便是如此。从1568年低地七省脱离西班牙到1648年明斯特和约签订之间，荷兰工商业持续繁荣，从农业

---

[1] 见 Gregory Clark: *A Farewell To Alms*，第3章。

部门及外国吸引了大批工匠和雇工，非农劳动力年均增长 3%，农业劳动力比例降至 40% 以下，非熟练工名义工资率增长了将近五倍，按生活成本调整后仍增长一倍多，最终创造出了一个大规模高流动性的雇佣劳动市场。[1]

不过，早期雇工市场并未像后来的大型工厂那样，将大部分青壮年人口拉离传统社区，从而彻底打破原有社会结构，这是因为：首先，在大量采用昂贵设备和复杂工艺流程之前，没有必要将大批工人集中在一起；其次，大型工厂面临着众多棘手的激励、监督和协调问题，历代企业家经历了漫长的探索过程才逐步解决这些问题，在此之前，大型工厂是无效率的。

工业革命之前，规模化手工业的流行模式是分散外包，商人将大订单拆散后分包给众多中间商、小作坊或个体工匠，把相应原料卖给或赊给承包者，并承诺以某个价格回购制成品；这种情况下，许多工人仍可住在原先的社区，依靠家庭农业保障基本生计，并且仍然保持着原有的社会关系，明清江南纺织业大多以这种方式组织。

另一种中间形态是包工队，建筑业中尤为流行；包工队一方面为雇主免除了团队协调、工人激励和人员后勤等方面的麻烦，在工业文化尚不成熟的地方，处理这

---

[ 1 ]  见 George Grantham & Mary MacKinnon 所编 *Labor Market Evolution*，第 3 章。

些事情十分棘手，会面临语言障碍、文化隔阂、信任缺乏等种种问题，而包工头作为工人的同乡老大，在这些事情上有着天然的文化和社会关系上的优势。

另一方面，初来城市的工人也希望有人能为他们在陌生文化环境中提供一个立足之地，一个能为他们带来安全感的庇护者；在工业化早期，像城中村和贫民窟这样的同乡移民飞地，也在传统文化和工业文化之间扮演着中介、缓冲和过渡地带的角色，帮助城市新移民逐渐融入工业文化和城市生活，20世纪初纽约市犹太人和意大利移民社区中的服装业，起初便是由贫民窟中的众多家庭小作坊以分包形式组织的。

将众多工人集中在一起，按固定流程和作息节奏进行规模化连续生产的工厂模式，发端于大型动力设施的引入，最初是水力磨坊，这一原本用来磨面的设施，在添加适当的动力转换与分配机械后，被用于纺织、造纸、木材切割和金属加工等多种制造业；早在工业革命之前的18世纪，劳动力日益昂贵的英格兰便已涌现了数万个水力磨坊，在欣欣向荣的制造业中代替人力，在人力更为稀缺的北美，水力磨坊发展得更复杂、规模更大。

大型水力磨坊的采用，催生了集中式连续生产，因为：首先，水力资源并非均匀分布，要利用它就必须将工厂放在水力丰沛的地方，即在选址上，让工人迁就磨坊，而非像家庭作坊那样，让原料迁就工人；其次，水动力设施的建造需要高额投资，只有规模化连续生产才具有成本优势。

蒸汽机的出现延续并放大了这一趋势，因为和水力磨坊一样，基于蒸汽机的动力系统也是中心式的：一间厂房内的所有机械运动都由一部中央引擎推动，动力经由齿轮、皮带和连杆等传动装置传输至每个工位，这种中心式系统直到后来小型电动机普及之后，才被分散式系统所取代。

不同的是：首先，蒸汽机对选址要求不高，只要能保障煤的供应即可，因而极大拓展了适用范围；其次，蒸汽动力也不像风力和水力那样易受自然条件干扰，因而更能保障连续生产；最后，蒸汽机在提升规模效率方面潜力更大，能量效率和功率随技术创新而不断提升，推动着工厂规模越来越大，并将越来越多的产业卷入工厂模式之中。

这一改变对社会结构的影响是革命性的，它将大批工人真正拉出了传统社区，使之脱离家庭农庄、封建庄园、手工作坊，以及各种依附关系和熟人社会，也离开了由这些关系所提供的社会安全网和生计保障，变成高度流动性的、以工资为生的自由受薪群体，即所谓城市无产阶级。

不过，正如阿尔弗雷德·钱德勒在《看得见的手》中所指出，这一模式普及至大部分制造产业，进而将劳动人口的大部分转变为全日制受薪雇工，还须等待更多技术和组织上的创新；第一个障碍是运费，一种商品运费越高，有效市场半径就越小，其需求所能支撑的生产规模也越小，近代以前的运费（尤其是内陆运费）极其高昂，因而能够支撑规模化生产的商品很少。

在古代早期，只有像丝绸香料等奢侈品，贵族用来彰显身份的炫耀性商品，以及盐、金属、武器等重要战略物资，才能在承担高昂运费后仍然有利可图，粮食、木材、纤维等大宗物资只有在水路特别便利的情况下才被长途贩运，而制成品则绝大部分在靠近消费市场的地方生产。

到古代后期，随着内河航道的疏通，盗匪的肃清，运河大量修建，还有地理大发现时代航运技术的改进，许多商品逐渐被添加进长途贸易的清单中。工业革命前夕，英格兰和北美掀起了开挖运河的热潮，大幅拓展了这份清单；然而，真正将种类繁多的大批制成品拉进数千万人口大市场的，是铁路。

结果，以往市场半径只有几十上百公里，只配在手工作坊里生产的商品，突然变得适合机器化大生产了；随着铁路网扩张，新式工厂成群涌现，规模越来越大，传统手工业一个个被消灭，大量积淀在农业中的非充分就业劳动力被吸入新兴工业城市，最终受薪雇工成为人口多数。

铁路还促发了一场供应链革命，在此之前，一种商品从原料到成品的各道环节是由市场交易串起来的，参与其中的每位商人视野中只有一两个环节，对于规模化制造，这是很危险的，市场中的各种随机波动随时可能让企业中的材料或能源供应中断，或生产链条在某个位置卡住，或分销渠道因库存积压而发生堵塞。

由于早期工厂无法保证供应链平稳连续，生产经常发生停顿，所以雇佣的劳动力多数是童工和未婚女工，因为他们不是家庭的主劳力，也较少家务负担，当生产停顿，几周数月没活干时，也不至于影响全家生计，但这样一来，雇工来源便在地理上大为受限；同时，频繁停产也降低了库存周转速度和设备利用率，从而拉低资本收益率。

为解决这一问题，保障连续生产，同时将库存维持在合理水平，规模化制造商不得不着手控制整条供应链，通过并购上下游资源实现垂直一体化，引入专业管理者，用企业内部计划部分取代市场机制，经过这番组织改造之后，这些企业才得以说服大量成年劳力——特别是已婚男性——放心大胆离开传统产业，彻底转变为全日制受薪工人。

二战期间的劳力极度紧缺（加上爱国热情）又吸引了大量已婚女性也进入雇佣市场。战后，洗衣机、吸尘器和快餐业的发展，帮助妻子们摆脱了大部分家务负担，从 20 世纪 50 年代初到 90 年代末，美国女性劳动市场参与率大约从 33% 上升到了 60%，将整体劳动参与率从 58% 拉高到了 67%[1]；与此同时，童工则完全退出市场。

一个开放的、非人格化的、容量巨大的雇佣劳动市场极大促进了人口流动，每个健康人都拥有一份天赋的人力资产，对于缺少其他资产的迁居者，这是最好的盘缠，"天生我材必有用"这句话，再也不是只有少数精英分子才敢说出口的狂放之辞了——由此也可见，"无产阶级"的概念是多么不得要领，它是对人类天赋的无知蔑视。

在五六十年代的美国，这种天地广阔任我行的精神达到顶峰，许多人在当地产业不景气时，就卷起细软，把家当装上拖车，甚至拖上整栋木屋，去遥远的陌生城市寻找新机会。那个年代，每年有 1/5 的美国人更换住所，2/3 以上成年人至少更换过一个居住城市，经常搬家，追逐机会，择良木而栖，已成了美国文化的一部分。

---

[1] 数据来自美国劳动部劳动数据局（BLS）网站：http://www.bls.gov/opub/mlr/2002/09/art3full.pdf

# 6 非我族类

大型社会不是众多小社会的简单拼合，它得以出现，必定存在大量跨越传统边界（家族的、婚姻的、语言的……）的关系将个体和小群体编织在一起，也必定建立了某些组织结构以实现小社会所无法实现的功能，所以当个人或因成长或因迁移而进入一个大社会时，面临的问题之一是：和谁建立必要的关系。

安家落户时，选择与谁为邻？出租土地或房屋时，接纳或拒绝哪些租客？为儿女安排婚姻时，哪些人家可以纳入考虑？做生意时，选择哪些合作伙伴？需要雇佣帮工时，在哪个范围内寻找？闲暇时，在哪些圈子里呼朋唤友，饮酒作乐？面临威胁或发生争执时，从哪里寻找盟友？介入一场对立冲突时，选择站在谁一边？

即便在极具流动性的现代都市社会，这些选择也不是任意或随机的，或仅仅出于一时一地的利益权衡，或听凭飘忽不定的个人机遇摆布；人类有着牢固的心理机制帮助我们对可能的交往对象进行分类和筛选，依据一些特定线索，它们迅速排除某些对象，而偏爱另一些，或者，在做出分类之后，决定以何种方式与之交往。

部落或比部落更简单社会的人们，通常把遇到的人分为三类：（同属一个小群体因而相互熟识的）自己人、（同部落的、与本群体存在通婚或联盟关系的）友邻、（其他所有）陌生人；友邻可以交往但须随时保持警惕，而陌生人则几乎等同于敌人，不可信任，而且无论如何对待他们都不算过分。

人类对陌生人的排斥、蔑视、恐惧和敌意是根深蒂固的，这从部落或族群的名称中也可看出；这些名称，若是源自群体的自我称呼，其词义常近似于"真正的人"或"合格的人"，若是源自外人对该群体的称呼，则用词多半含有贬低和蔑视的意味，比如汉语文献中称呼少数民族时，常用带犬字旁或虫字旁的字。

群体间普遍的敌意和恐惧使得早期人类的跨群体交往充满了危险，所以，当社会走向大型化，人们逐渐扩大交往范围的过程中，仍始终坚持谨慎保守的原则，采用一种白名单策略：除了已确认安全的，其余都是危险的、需要避免的；而在初次接触某个陌生人时，必须有某些线索能带来起码的安全感，才值得启动一次试探性的交往。

其中一条重要线索是语言和口音，相同的口音能够迅速带来亲切感，这意味着至少部分解除了戒备，并将试探性交往继续下去；这是因为，从语言相同这一点可以得出许多提升交往意愿的推断：我们能够表达和理解各自的动机和意图，从而避免源于误会的冲突；我们有潜力提出和达成一些有益的合作，比如交换信息、提议交换物品、讨价还价；当分歧和矛盾出现时，我们更可能以谈判、让步、承诺等和平方式平息纠纷。

在早期社会，语言群体规模极小，因而口音相似也意味着双方可能来自两个血缘很近的群体，或许一两代人之前才分开，所以双方很可能拥有许多共同的亲属和朋友，而共同亲友会大幅提升安全感：首先，我相信你不会轻易伤害亲友的亲友，那会恶化你跟这些亲友的关系，甚至遭到他们的报复，至少有损你的名声；其次，如果你加害于我，由于共同亲友的存在，我更容易打听到你是谁，掌握你的行踪，以便实施报复；第三，攻击一个亲友的亲友很可能让你损失一次极有价值的合作机会，比如一门好亲事。

语言相同者不仅易于交流，也共享着蕴藏于语言之中的大量背景知识，诸如时间单位、季节循环、度量体系、动植物分类、器物用途、亲属系统、职业类别、食物、节庆、历史、传说、诸神，以及各种有关社会规范的知识：习俗、惯例、仪式、禁忌、表达客气与礼貌的方式，和以这些为基础的社交技能……

个体在学习语言的过程中自然习得了这些知识，假如一位成年人进入一个语言迥异的群体，就不得不从头开始获取这些知识，他的人力资本便大幅贬值了，这就是为何新移民常常会在职业等级或社会阶梯上跌落几级，原先的社会精英到了陌生社会只能刷盘子、开的士，会话交流能力只是原因之一，文化背景知识的缺乏或许是更大的障碍。

即便不是移民，而只是与一个不同语言的群体打交道，与自己母语有关的背景知识也都派不上用场了，这会让双方的交易、合作、组织、协调变得很没有效率，你不得不解释节气是什么东西，舅舅是一种什么关系，为何我不能和他坐在一张桌子上吃饭，每次听到英里和英寸时都要在脑子里换算一下……

除语言之外，服饰发型、食谱构成、奢侈品嗜好、竞技项目、娱乐情趣、音乐风格、艺术趣味等各种透露出文化差异的线索，皆可影响与谁交往的决定，明显的理由似乎可以通俗地归纳为：吃不到一起、玩不到一起的人自然不愿意交往，但深层的（也更重要的）理由则是：与趣味和价值观迥异的人交往，会让他以往积累的声望资源归于无用。

一位汉字书法家，在不识汉字者眼里就显不出任何高明之处；一个会讲很多笑话的人，离开其文化背景，就没人能领会他的幽默感；一个花了半辈子工夫学会品鉴各种上等葡萄酒的人，到了一个没有葡萄酒的地方，其品味就没了用武之地；一个深谙人情世故处世之道的人，在一个陌生社会可能变得手足无措、窘态百出。

尽管种种趣味和价值观都根植于人类普遍的本能和欲望，然而当它们越是向高级价值发展，便越来越远离生物性本能，而越来越多地由文化所塑造，因而益发在不同文化之间分化隔膜，变得难以相互理解和欣赏；很明显，声望和地位越高，文化隔膜造成的阻力越大，因为他们在高级价值上积累了更多资本，有着更多既得利益。

那些在此类事情上经历了数十年体验，花费了大量精力和金钱，练就了一副好眼力，掌握了一整套褒贬用的形容词，最终展现出令人钦羡的技能、品味和鉴赏力，以及它们背后的教养和家庭背景，并以此获得了体面、赢得了人们的尊重、建立起了声望、确立了社会地位的人，一旦进入另一种文化，却发现所有这些都变得一文不值了。在那里，赢得声望和地位所依靠的是另一套东西，新来者不仅需要从社会阶梯的底部从头开始爬，而且发现新标准常常与他已经养成的习惯和偏好相冲突。

限制群体间交往的另一个文化屏障是社会规范上的差异；规范告诉人们哪些行为是不可取的、不正当的、应受谴责或惩罚的；规范可以维持群体的和平与秩序，扩展个体间的合作，执行有益于生存繁衍的行动准则，并在群体面临威胁时提供集体行动能力，这些对群体的生存繁衍扩展都十分重要。

由于不同群体经历了不同的文化进化路径，因而也发展了不同的规范，比如各民族的食物禁忌就千差万别；有关性关系，虽然多少都有乱伦禁忌，但哪些关系算乱伦，差异极大；身体相距多远才不会显得太亲密，普通熟人之间何种身体接触会被视为冒犯，或被认为具有性意味，迟到多久是可以被接受的，尊卑长幼之序有多森严，男女关系深入到何种程度开始承担责任……

随着规范日益丰富，无处不在的规制影响着社会生活，辨认、遵循和执行规范的能力成为个人在一个社会成功生活的必备技能（缺乏这一技能被称为反社会），人类发展出了许多心理机制来提升这一技能；心理学家彼得·华生（Peter C. Wason）发现，结构完全相同的逻辑问题，若以社会规范的形式呈现，被试的解答速度和正确率就会大幅提升，这揭示了我们探测规范违反行为的敏锐本能。

对某些类型的规范破坏行为，我们会产生近乎本能的嫌恶、愤怒和惩罚冲动；惩罚冲动借用了比它更古老的报复冲动，后者由两两关系中的背叛和冒犯行为所激发，激发的中介是愤怒，现在，由于规范认同和共同体意识的存在，破坏规范被视为既是对共同体的冒犯，也是对共同体守法成员个人的冒犯，因而引起类似的愤怒。

直接惩罚之外的另一种规范执行手段是社交排斥和

社会孤立，社交排斥就是拒绝与某人交往，假如排斥行动得到社交圈内其他人的响应，结果便是社会孤立；在熟人社会，这意味着剥夺绝大部分社会交往，阿米绪人的闪避（shunning）和罗马教会的逐出教门（excommunication）便是两种正式化和严格化了的社会孤立。

为有效执行社交排斥，我们的另一种古老心理机制——对腐烂尸体和排泄物的嫌恶感——也被借用了过来；食物禁忌最初可能直接源自对污秽物的恐惧，但后来被纳入禁忌的所谓"不洁物"，则显然是一种文化建构，然而建构并非虚构，从小在某种禁忌习俗中长大的人，真的会对禁忌物产生生理上的反应，这种反应甚至在他已经（文化上或宗教上）改宗之后仍然存在。

对乱伦和其他不伦性行为的嫌恶也常伴有生理反应，尽管性行为和排泄器官确乎存在一些联系，但这种关联依然是牵强和高度隐喻性的；通过隐喻，对各种规范破坏行为的感知都被引向对污秽物的联想：偷来的财产是"脏"物，受贿得来的是"脏"钱，背叛和陷害是"肮脏"的勾当，贪官"污"吏过的是"腐败糜烂"的生活，背信者赢得了"污"名，必须"洗刷"才能恢复"清白"，毁人清誉者泼的是"脏"水，骂人用的是"脏"字。

对背离本群体规范之行为的嫌恶，加深了文化隔阂：他们竟然吃狗肉！他们竟然会把老婆的侄女一起娶过来！他们对逃跑和投降毫无羞耻感！他们竟然打老婆！

他们面对撒谎指控时竟然不提出决斗！他们竟然用左手拿吃的！他们竟然会把我们如此珍视的誓言当作笑话！他们竟然膜拜一条蛇！他们还算是人吗？！

以上三个方面的文化隔阂——背景知识的不同导致经验报废，品味价值各异其趣导致声望报废，社会规范差异导致相互嫌恶——阻碍着社会交往和人口流动，使得众多小社会难以联结成大社会；然而同时，大社会的诸多优势和机会——战争中的人力优势，各种需要规模经济支撑的产品和服务，加深分工与合作的机会，更丰富的文化和精神生活——也在激励着人们努力克服这些障碍，不断推动社会的大型化。

这两股力量拮抗的结果是，一些群体在迅速扩张的同时设法维持了相当程度的文化同质性，从而建立起容纳众多小社会的大型共同体，而与此同时，它们与其他群体之间的文化边界变得更为清晰分明，难以跨越；为强化共同体认同，人们甚至刻意夸大和制造外部文化差异，同时人为抹平内部差异，将原本连续渐变的文化光谱改造成一块块纯色板块。

有几种机制可以创造文化同质性。首先是部落组织，正如我在本书第一部分所描述的，通过组建父系家族，并以此为基础建立家长联盟和族长会议等高层组织，然后经由姻亲网络和战争联盟将若干宗族联结起来，便产生了数千人规模的部落。

频繁通婚，错综复杂的亲属关系，经常性的礼物交换，定期集会以处理公共资源分配，战争中的协调行动，共同的纠纷解决机制，延缓了群体间的文化分异。因为没有共享背景知识，资源分享和战争合作便难以进行；没有相互兼容的婚姻和亲属制度，通婚便难以维持；若食物禁忌相互冲突，聚宴和集会也难以举办；没有共同趣味，礼物的价值便得不到赞赏；没有共同规范，纠纷便难以解决。

为强化部落认同和忠诚感，独特的文身、发式、服饰、整容术（皮肤切割、耳鼻穿孔、颅骨塑形、门牙拔除，等等）被用作部落身份符号，共同的音乐、舞蹈、仪式、图腾被用来展示部落的团结合一，严酷的成人礼被用来灌输价值观和强化集体精神；虚构共同祖先，编造共同家谱、历史和起源传说，将部落装扮为一个虚拟大家庭。

之所以需要这一整套符号和装饰，是因为在数千人的社会中，你不再能像在小社会中那样，仅凭熟识关系即可分辨亲疏敌友，团结与忠诚也不再能靠血缘亲情和个人友谊来唤起，必须借助一套精心设计的象征性符号和仪式性集体活动（比如舞蹈），才能激活原本由真实场景所激活的情感，比如用红色油彩来激活原本由鲜血所激活的战斗激情。

同质性的第二个来源是族群大扩张，一些族群在某个历史阶段或因技术、组织或制度上的创新而获得压倒性优势，或因突破地理屏障而进入空旷地带，突然急速增殖扩张，短时间内将其文化散布到广阔区域；历史上，印欧人、突厥人、西非班图人、波利尼西亚人、因纽特人、澳洲的帕马—恩永甘（Pama‑Nyungan）人，都曾经历过这样的爆炸性扩张，在语言学地图上留下了一个个惹眼的泛布区（spread zones）。

第三个来源是同化，即一些群体接受其他群体的文化；尽管在少数案例中，征服者将自己的文化强加给被征服者，但多数情况下，同化是主动学习和效仿的结果，因为人类有着效仿优势文化的本能倾向，因而主动模仿很容易奏效，而强行改造则常常是徒劳的。

人类被进化设计成了极佳的学习模仿者，而且他们很会判断应该跟谁学，技能表现、以往成就、社会地位、积累的财富、追随者数量、众人钦羡的目光、口碑，都是据以判断的线索，所有这些线索综合成为声望（prestige）；个体对高声望者的效仿，在宏观上将导致群体被优势文化所同化。

这一过程会以几种不同方式发生。有时，当一个部落在生存繁衍上表现出明显优势，特别是战争优势时，相邻部落可能会放弃自己的传统，系统性的采纳优势部落的文化，比如生活在格陵兰岛西北部的北极因纽特人在 19 世纪 60 年代接触了来自巴芬岛的其他因纽特部落后，迅速采纳了后者的各种文化元素。

有时，一个部落联盟中各部落地位不对称，处于支配地位的部落，其文化便为其他部落所效仿；类似情况也出现在更复杂的社会：平民效仿贵族，低级贵族效仿高级贵族，同时，随着部分贵族的地位跌落（因为贵族后代数量多于平民，而贵族阶层容量有限，所以这种跌落是不可避免的，比如长子继承制下的幼子们），上层文化逐级向下渗透，这样，只要贵族阶层保持文化同质，整个社会的文化也就会有相当高的同质性，由于贵族阶层规模较小，且高度内婚，这一点不难实现。

这样的同化和渗透还可在更大范围内发生，当若干国家的王室和高层贵族通过联姻、质押、游学、出使、贸易等途径频繁往来，构成一个贵族交往圈。此时，其中最繁荣发达的那个文化便成为效仿对象，效仿者继而又将他们学到的东西在本国向下渗透，法国在18世纪的欧洲便取得了这一地位，俄国是其中著名的效仿者之一。

文字的出现推进了大型文化共同体的创建，因为书面语的惰性使它比口语更能抗拒文化固有的分异倾向，宗教经文和历史典籍可跨越数千年积累保存共同知识，无论罗马教会的教士们还是中国的士大夫阶层，对大共同体的认同都远强于不识字的平民；书面传统在提升文化声望上的作用远远超出军事实力，历史上，向来都是有文字社会同化无文字社会，从未有过相反的情况。

然后是国家，国家维持的内部和平为群体间交流融合创造了条件，其司法系统在大范围内推行的共同规范，官方宗教、官修历史、官办教育，以及官僚系统所提供的晋身之途，首先在精英阶层创造共同文化，继而向下渗透到全社会；国家权力的排他性也使得文化边界变得更为截然分明；这一进程在近代欧洲民族国家的崛起中达到高峰，此后又经历两次世界大战和几大旧帝国的瓦解而将浪潮推向全球。

文化共同体为个人创造了一个可以自如穿梭往来于其中的舒适空间，尽管其中仍有危险、隔膜和不确定性，但它们至少是可理解、可预期，因而值得去探索、尝试和克服的，而不再像我们进入"蛮荒之境"遭遇"非我族类"时那样产生本能的、反射式的恐惧，然后（假如对方足够弱小）像见到蟑螂时那样连连跺脚急欲踩死而后快，或者（假如对方足够强大）像见到虎豹时那样抱头鼠窜。

正是这样的安全感，让社会流动成为可能。

## 7 无形盔甲

爱德华·科克（Edward Coke）曾说，法律是最安全的盔甲。对于流动性社会，此话尤为正确，因为离开熟人社会的互惠网络和庇护关系之后，司法保护——如果存在的话——便是个人安全的最佳保障了；失去普遍司法保护的人们会很快龟缩进各自的安乐窝，树起堡垒和屏障，紧紧抱成一个个小团，就像古代帝国崩溃后的中世纪早期那样。

一个流动性社会离不开法律，要让人放心大胆地跨出安乐窝，必须让他相信自己的生命与财产安全在陌生地方也有所保障，不会被随意侵害，即便卷入纠纷也会被公正对待，而且法律须是简洁明了的，个人只需秉持善意与审慎，而无须掌握大量地方性知识，即可免于触犯。

然而法律并非从来就有，在一个霍布斯世界中，个人如何保护自己呢？我们不妨先回到小社会，看看安全保障如何可能从无序中产生。

一种指望是声誉机制，在一个个体间合作能带来许多好处——甚至对生存至关重要——的社会里，让众人相信你是个良好的合作者就变得很重要，为此你要抑制自己的攻击性，不能无端加害于人。

但是这一机制只在潜在合作伙伴（不妨称之为朋友）之间有效，假如一个人将朋友和其他人明确区分，并以截然不同的方式相待，那么他攻击非朋友的行为便无损于其作为合作者的声誉，而我们知道，即便在熟人社会，也并非人人都是朋友。

另一种指望是报复威慑，如果你有足够的加害能力，并且展示出必要时使用它的意愿和决心，让人相信你受到伤害一定会报复，就对潜在侵害者构成了一种威慑；可是这里也有个缺陷：死人没法报复——至少在死亡触发器（dead man's trigger）于20世纪初发明之前——所以若对方有把握将你杀死或致伤到失去反击能力，报复威慑就没用了。

解决方案是互保，假如你和一些伙伴达成这样一种合作关系：无论谁被杀害，其他人都有义务为他复仇，那么，加害者必须将你们斩尽杀绝才能免于报复，这当然比个人报复的威慑力强得多；问题是，如何保证伙伴们会履行复仇承诺？

答案仍是声誉。在一个冲突不断、人均寿命很短的险恶世界里，你不能只有一个互保伙伴，愿意为你复仇的人越多，你就越安全，为此你必须维护自己作为复仇者的声誉；如果你在伙伴被杀后背弃复仇承诺，你对其他伙伴的承诺就不再可信，他们就会弃你而去，你也很难再找到新伙伴。

像互保同盟这样押上性命的强合作关系，需要双方极高的信任，成立的条件很苛刻；幸好，父系家族组织为此提供了一个良好起点，亲缘关系，婚姻与家庭带来的长期共同生活经历，兄弟与堂兄弟在狩猎与战争中的紧密合作，亲属在后代上的共同投资，都为互保所需的信任创造了前提，所以从家族到互保同盟是很自然的发展。

更重要的是，家族将朋友间的两两互保关系升级成了集体互保网络，一种安全共同体，其中任何成员受到伤害，其他成员都有义务实施报复；这一改变引出了几个意义深远的后果，首先，联盟必须抑制其成员之间的冲突，而一旦发生冲突，必须有某种机制来了断纠纷、平息冲突，以免因相互间复仇义务而触发连锁反应，那无疑会迅速撕裂联盟。

要抑制冲突、减少纠纷，就需要辨别是非，即澄清什么行为是不正当的，在此之前，正当性只存在于两两关系之间：你是我朋友，所以我不能对你这么做。现在，正当性变成一种超越私人关系的公共要求：因为我是这个互保联盟的一员，所以我不能对联盟成员这么做。于是，法律意义上的正当性——或者叫正义——诞生了。

要了断纠纷，避免连锁复仇，仅有正当性规则还不够，因为在纷乱的现实世界中，真相很难查明，双方都有扭曲事实的动机，都能找到一些证据和理由说明自己是正当的，还必须有一个无论情况如何复杂难辨都可确保得出一个裁决结果的程序机制，无论是家长独断、长老会议表决、掷骰子、决斗，还是神裁。于是，最初的司法诞生了。

集体互保的第二个后果是，联盟必须控制其成员对外人的攻击，因为这会将整个联盟卷入冲突：如果你吃亏了，我们就全都负上了复仇义务；如果你占了便宜，就会给大家引来报复，因为：首先，对于受攻击的外人，实施集体报复比找出攻击者进行精确打击往往要方便得多；其次，一旦集体互保已成为众所周知的事实，那么集体报复便是合理选择，因为即便只打击攻击者也会引来集体报复，所以至少从第二轮开始就必定是集体冲突了。

为避免这种局面在联盟缺乏准备时意外出现，它不得不规定何种情况下不许攻击外人，何种情况下对外攻击必须事先在联盟内征得同意，或者只能由联盟集体进行；当你违反规定擅自发动攻击时，（如果你输了）联盟成员就无须承担复仇义务，甚至（如果你赢了）将你交给对方处置以避免引来集体报复。

于是我们又有了针对联盟成员与外人之间关系的正

当性规则（不经意间，我们已从霍布斯起点跨出了两大步），虽然它与联盟内部的规则可以不同；这一正当性的判定同样需要司法程序（无论多么简陋粗暴），同时，决定何时发动对外攻击并协调攻击行动的需要，进一步强化了联盟决策机构（比如长老会议）的职能，它往往也扮演司法裁决者的角色。

第三个后果是，它使得联盟间冲突一旦开始就很难停下来，个人间两两互保所引发的复仇链会因涉入个体逐个消亡或其中一环背约而中断，但基于家族的互保联盟会自动补充新成员，让复仇链条无限延伸，一桩命案引发的连锁反应会让两大家族迅速陷入全面冲突，结下世仇，直到一方被灭门或联盟因内部冲突而瓦解。

事实上，血仇循环（blood feud）在无国家或国家力量薄弱的定居社会极为普遍，从爱尔兰到阿巴拉契亚，从巴尔干到阿拉伯，从吕宋山区到巴基斯坦斯瓦特山谷，人类学家考察过的许多无政府部落社会都有着经久不息的血仇循环。

集体互保作为一种生存策略的重要价值，也让我们的心理和文化产生了许多针对性的适应器：深切而持久的仇恨，复仇的快感，互保伙伴之间的友谊与忠诚，这些情感的展现被视为美德而得到颂扬。复仇与忠诚常交织在一起，成为史诗和传奇中反复出现的主题，一种耳熟能详的情节是：仇家来袭，险遭灭门，幼年公子侥幸逃脱，赤胆家臣（或师叔）护佑遗孤，卧薪尝胆数十载终于报仇雪恨。

复仇联盟的出现推动了人类社会的组织与制度进化，因为联盟在群体间竞争中有着很大优势，它一方面抑制了内部冲突，同时有仇必报的名声让人不敢招惹，而当它决定对外发动攻击时，又极具动员能力，因为互保关系使得你即便不参与也不能免遭报复。在战斗中，每个人都有动机全力以赴，因为每留下一个活口都是可能在未来殃及自己的祸根；这些优势，将促使周边群体纷纷效仿。

然而，作为群体，复仇联盟的规模却高度受限，它甚至达不到邓巴数限度，因为复仇责任远远超出普通熟识者之间的一般善意，人们不会仅仅因为熟识而负上如此重的义务。这样，若人们希望和平的生活在较大一些的社会中，就必须找出一种处理跨群体冲突以避免血仇循环的方法，即，共同生活的两个联盟之间虽不必相互承担复仇义务，但不会将复仇指向对方，为此便需要提供复仇之外的替代救济手段。

从日耳曼习惯法的许多规则中，都可窥见避免血仇的用意，比如，偿命金（weregild），就是用金钱补偿换取对受害者负有复仇义务者放弃复仇；逐于法外（outlawry）则是宣布肇事者不受保护，这就免除了所有人对他负有的复仇义务；还有司法决斗，让纠纷双方通过决斗了断恩怨，这样无论结果如何都不会触发复仇。

司法决斗的用意尤为明显，赞同这一程序的人们既不关心谁对谁错，也不在乎最终结果是什么，他们唯一关切的是，务必将冲突关进笼子，切断其复仇链条，以免将大家都牵扯进去，令社区失去安宁；在一个司法系统极为简陋——简陋到连权威裁决者都没有——的社会，这不失为一种了断纠纷的可行办法，实际上，掷骰子也能起到类似效果。

不过，掷骰子式的裁决虽可了断既已存在的纠纷，却不能为避免未来的纠纷提供适当激励，它没有让最初破坏规则挑起冲突者负担与之相称的成本，如果施害者在决斗中赢了，他就逃脱了惩罚，反倒让被害者负担了成本；一个能够有效抑制冲突的司法系统，需要在辨明真相与是非，强制执行规范上做得更好。

辨明真相最明显的依据是物证和人证，但许多案件中没有充足的证人证物，甚至完全缺失，此时一种传统的替代是被告的誓言。今天的人们大概很难相信仅凭被告誓言即可洗刷罪名，但在熟人社会，誓言的效力其实很强，因为诚实声誉极有价值，甚至性命攸关，假如你在大庭广众之下赌咒发誓后所作陈述事后被怀疑是谎言，或当时就显得不可信，你的声誉就会严重受损，你的承诺不再可靠，互保伙伴可能弃你而去，这会让你立即陷入孤立无援的险恶处境之中。

在有些程序法中，对誓言的公开挑战会触发决斗（这是司法决斗的第二项功能，第一项是前面说到的由诉讼双方通过决斗直接得出审判结果），所以提出质疑者需要做好决斗的准备，这也从另一个角度说明了誓言的严肃性。

有时被告本人的誓言被认为分量不够，这可能是因为对立证据较强，不足以被它压倒，或者被告地位太低，因而声誉不值钱，或者涉案利害过于重大（因为证据分量必须与所涉利害相称，你不会为一只鸡赌上名誉，但很可能为争夺继承权而这么做），此时，被告可以找一批（比如12位）声誉良好的邻人共同宣誓为其誓言之可信度作保，这一程序被称为共誓涤罪（compurgation）。

有时当案情不适合由他人担保，比如结婚十年未孕的妻子指控丈夫性无能（这种事情外人没法了解），或者施巫指控，此类指控本身包含了被告不可信的假设，或者既有证据对被告非常不利（但不足以定罪），此时案件可能被诉诸神裁，比如手握烧红的热铁跨出三步，三天后看伤口是否溃烂；神裁相当于一种概率不对称的掷骰子裁决：如果你竟然掷出了双幺，那就还你清白吧。

像这样的习惯法系统有一个妙处，它不需要一个中央权威充当最终裁决者，规则是沿袭已久因而众所周知的，裁判结果则随司法程序的推进而自动产生，尽管也需要一个机构来召集众人安排程序，但没人指望它做出裁决，因而也无须担心它偏袒任何一方，甚至裁决结果也不必由司法机构执行，比如逐于法外之后，被告便任凭原告方处置，其他人只是不再卷入而已。

无中心的司法很适合为相互对等的集团处理纠纷和平息冲突，在维持和平的同时，不必放弃各自的自主地位；当和平的种种好处——避免血仇循环带来的无谓损耗，减轻不安全感所带来的成本，更多的合作与贸易机会，专心对付余下的敌人——显现出来，便会吸引其他集团加入，特别是血缘相近、文化同源的群体，从而为社会大型化创造条件。

司法在大型社会中的持续存在，创造了一种全新的道德感。在此之前，正当性仅存在于特定关系之中，友谊、忠诚、义气、感恩、慈爱、孝顺……都是规范特定关系的伦理，只作用于亲友与熟人之间；至于对待陌生人，根本不存在正当与否的问题，伴随法律而出现的，是一种一般化的正当性、一种普遍正义观念。

这些观念连同司法系统，缔造了一个道德共同体，在其中，报复和血仇作为救济手段逐渐退居次要地位，只被允许指向共同体之外；虽然还谈不上近代意义上的普遍司法保障，但安全感已不再仅限于熟人之间，当人们借助口音、文身、服饰、礼仪等线索确认对方为共同体伙伴时，普遍正义便是预期对方行为和约束自身行为的默认准则，以往被恐惧锁闭的交往流通之门由此打开了。

不过，由习惯法所缔造的道德共同体规模有限，超不出部落或部落联盟的范围，更大的共同体由另一种机制所创造，它根源于人类为寻求安全而结成的非对等关系：庇护与效忠；不同于对等的互保同盟，它让强势人物（或组织）获得了支配他人行动乃至群体公共事务的权力，这一权力的滚动、递归、扩张最终产生了国家，并接管了司法系统。

当群体中一些个体拥有显著的武力优势时，他可能会为弱小者提供安全庇护，以换取他们的服从、纳贡或效劳，和凭借武力直接侵夺相比，这么做往往（特别是在长期）更有利，因为纳贡收入比侵夺更持久稳定，获取成本更低，而受庇护者有了安全保障之后，净产出也更高；更重要的是，受庇护者的效忠增强了他原有的武力优势，让他可以赢取或换取更多利益，并吸引更多投靠者。

随着社会中多数人都投靠某位强人，余下人的处境就变得极为不利，孤立无援的地位令其成为理想攻击对象，于是他们也被迫投靠某人，最终社会分化成各自依附于一位强人的若干集团。

为有效提供庇护，维持依附者的持续纳贡能力，并且避免自己在履行庇护责任时陷入两难，庇护者必须抑制依附者之间的冲突，为此他需要提供一种解决纠纷的机制，并向依附者施加一套行为规范；但仅有内部规范还不够，他还需要约束依附者对外人的行动，否则他们很可能仰仗其庇护而肆意攻击外人，这样庇护成本就会失控，甚至惹来他难以承受的风险。

庇护者谋求自身利益的努力事实上为社会提供了抑制冲突（治安）和解决纠纷（司法）这两种公共品，他从和平与秩序中得到的好处解决了公共品的激励问题，而且他有着足够动机去改善这些公共品质量，同时不过度压榨依附者，因为相邻庇护者之间存在竞争，如果治安和司法服务质量太差，或索求过多，依附者就会转而投靠其他强人。

庇护者之间的竞争还会导致另一种结果，假如一位强人的武力优势与其组织管理能力不对称，即，他能在一个很大区域内打败任何对手，吞并其领地，接管其依附者，但同时他的管理能力却不足以在这么大的区域内维持秩序和履行司法职能，过多的依附者反而成为负担，此时他可能选择另一种安排：与其势力范围内的其他庇护者建立二级庇护效忠关系，后者保留其领地内的原有地位和关系；这一安排可以递归进行，从而建立多级庇护关系，于是，一个封建系统便产生了。

封建系统不仅能在广阔领地内建立秩序，将数百万人置于共同规范之下，而且会让规范的内容和程序稳定下来，因为处于多层关系中间层次上的那些既是领主也是附庸的人，也拥有相当的武力，若联合起来足以对抗上层领主，令其不能予取予夺、任意改变规则或凭个人意志任意裁断纠纷，各方在庇护效忠关系中的权利与责任被明确和固定下来，成为封建契约。

无论何种起源，法律制度一旦牢固确立并展现出其效能，就会沿着其内在逻辑向更多领域扩展，最初的程序可能只是用于了断世仇、维持和平，但为了预防冲突，为遵守规则提供适当激励，又引入了举证、宣誓、助誓、质证、辩论等程序；继而，为了消除引发重大纠纷的各种诱因，司法又开始介入财产、婚姻、合同等次要纠纷，因为财产争议可能引发兄弟或邻居间凶杀，无理的休妻或虐待可能引发联姻双方家族的世仇，合同纠纷同样如此。这样，法律规则体系便顺着引发纠纷的因果链不断扩展，直至覆盖社会关系的所有方面。

一个日益丰满、成熟、全面覆盖的司法系统，使得绝大部分纠纷有了解决希望而不再激化为暴力冲突，如此带来的普遍安全感改变了交往伦理，暴力侵犯逐渐被视为反社会行为，复仇冲动不再被频频激活，血仇循环作为古老传统的遗迹只存在于共同体边缘地带和偏僻山区，而身处共同体腹地的人们甚至不再需要警惕辨别每个陌生人是不是自己的共同体伙伴，这已是默认条件，以往由一连串庇护关系所搭建的、沟通各地方群体的脆弱浮桥，已逐渐固化为法律之光照耀下的通衢大道。

## 8 因神而信

In God We Trust，从 1864 年起，这句话开始出现在美元硬币上，1957 年后，它又被印在每一张美元钞票上；这句格言的字面意思是"我们信仰上帝"。不过，将它印在钱币上的用意可能不仅在于表达信仰，因为货币是一种特别需要信任和信心的东西——铸币可能成色不足，纸币可以伪造，可兑换纸币可能发生挤兑，不可兑换纸币则可能因恶性通胀而变成废纸——，所以，印上这句话或许是为了唤起人们的宗教情感以强化对官方货币的信心：我们都信仰同一个上帝，所以我们可以相互信任，这一信任让我们合众为一，建立了美国这个共同体，而美元价值正是由共同体之坚实性所保障，请相信它吧。

可是，为什么从"我们信仰同一个上帝"可以推出"我们可以相互信任"呢？这还要从宗教的历史说起。

对超自然力量的信仰在人类社会极为普遍，它可能源自人类的一种独特认知能力：我们会对他人持一种心理学家所称的心智理论（theory of mind），即把他人设想为与自己一样是有着自身的欲望、动机和信念的行动者；而且这些欲望、动机、信念和我们自己的很相似，并以同样的方式指导其行动。

基于心智理论，我们进而会对他人产生"共情（empathy）"，即，我们可以假设性地把自己放到他人的位置上，去考虑他在特定情境下会怎么感受、怎么想、怎么做，就像在头脑中安装了一部虚拟机来模拟运行他人的心智；我们也会将此能力运用于其他动物，尽管我们很清楚它们的心智与我们的十分不同。

基于心智理论和共情能力，我们有了一种观察世界的独特方式，即哲学家丹尼尔·丹内特（Daniel Dennett）所称的意向性立场（intentional stance）：从一个主体以往行为和当前处境中寻找线索，以猜测其欲望、动机和信念，并据此推断其下一步行动。

这种推测可以帮助我们适当调整自己的行为，以获取最佳利益，比如躲避危险（远处悄悄接近的几个黑影是要伏击我吗？），更好地参与竞争（他看上这片果树林了？），抓住机会（她对我有意思？），更好地与人合作（他希望我从右侧迂回以对猎物形成夹击？），及时阻止伙伴的危险举动（他想去抓那条蛇？），还有更好地揣摩和顺从首领的意图（免得被他暴打一顿），等等。

但人类也常常过度使用心智理论，对不合格或压根不存在的对象采取意向性立场，总是以为任何现象背后都有某种意志在推动：洪水冲走了庄稼，是某个意志想惩罚我，伤口总是无法愈合，是有人在施巫术，昼夜循环、四季轮替、月亏月盈、潮涨潮落，一定是某位神灵出于某种动机推动着这些机器永恒不息的运转着。

漫无边际的采用意向性立场，导致了被称为泛灵论（animism）的观念体系，世界充满着神仙精灵，他们和人一样有着欲望、偏好、喜怒哀乐、恩怨情仇，却不必像凡人那样受朴素物理学中的各种限制，他们的意图和行动时时处处影响着人类生活，所以必须细审明察，小心对待。

在受过教育的当代人眼里，泛灵论看起来无疑是蒙昧和非理性的，但这一印象其实只是我们在更好的知识积累和观察条件下得到的事后之明，在特定情形下该不该采取意向性立场，并不那么容易分辨；即便在当代，洞察力与阴谋论之间的界线也远非截然分明，特别是当第一类错误（误报）代价明显低于第二类错误（漏检）时，容许多一些阴谋论，少一些失察便是合理的。

设想你夜晚从村口向山谷望去，看到远处数十个亮点摇曳着，似乎在协调运动并逐渐靠近，你或许会想，这是不是拿着火把的一群人，正在一位首领的指挥下向村庄逼近？如果你这么想，便是采取了意向性立场，并假想了首领这个行动主体，于是你很自然地冒出了下一个念头：他想干什么？你可能想对了，有一群敌人正向村子发动伏击；也可能，那只是一群萤火虫，你设想的主体并不存在。

再设想你在短短几天内发现同事们都用异样的眼光看你，笑容显得僵硬，你或许会想，是不是老板抓住了你什么把柄，在背后痛斥了你一顿，不久会把你开除？或许果真如此，但也可能只是你做贼心虚，或者只是那几位同事没拿到本月奖金。

我用这两个例子是想说明：首先，假想某个看不见、摸不着，或不在现场的行动主体在操纵着发生在你周围的某些事情，有时可能是看待事情的正确方式；其次，只有当我们从现象中看出某种模式或秩序时，才会设想背后有个意志，这是对的，让行为服务于一致连贯的目的，从而表现出模式和秩序，正是意志的功能所在，但我们也会走得过远，常倾向于将任何秩序归因于某个意志，结果便是泛灵论。

然而并没有一条边界让你判断是否走得过远，而且许多时候，即便泛灵归因是错的，比如你认为某位女神在推动着月亮运转，也没什么妨碍，甚至可能是有益的，比如你认为这位月亮女神同时也在推动着潮涨潮落；重要的是，泛灵论（或它背后的认知倾向）让我们对秩序有了一种特殊的好奇心，促使我们去观察世界，发现其中的模式，然后在某个神灵的名下将它表述出来，并通过仪式、巫咒、神话、颂歌等口述传统传承下去。

这一知识探索、表征和传承机制有着极高价值，它让我们积累了有关季节、天象、气候、水文、动植物、山川地貌和人工器物的大量知识，但泛灵信仰的功能不止于此，通过仪式与巫术，它还可以为生活、生产、战争等人类活动编制一套实践手册：

> 这片林子里住着一位恶神（其实只是有猛兽或毒蛇出没，或有危险沼泽），在翻越这座山岭的路途上，有几位神灵要记得打点（其实是命名了几个路标，让你更容易记住路线，并特别当心某些危险路段），出海捕鱼之前要逐一拜过几位神灵并念诵相关咒语（其实是在提醒渔夫带齐该带的器具），还有制作独木舟时念诵的整套巫咒（或许也只是在强化对工艺步骤的记忆）。

> 还可以更复杂：当天狼星移到某个位置时（或某种树木的枝条发芽时，或某种鸟开始鸣叫时），谷神就要路过了，务必好好款待它（其实是让大伙在开始干活前好好吃一顿），接着就可以播种了，当某种树叶开始凋落时，谷神要回家了（其实是收割时节到了），记得将收获留一份给谷神……

以科学标准看，这些说法当然充斥着谬误，但作为实践指南，照着做行得通才是关键，那些神灵是否存在并不重要，重要的是对它们的信仰是否导出了有益的行动，不妨这么理解：泛灵信仰为探索世界和建构知识提供了驱动力，而实践试错和文化进化保证了那些有用的知识被保存下来传承下去。

如此建立的信仰体系也为群体创造了一种共同规范：哪些事不能做（否则会触犯神灵），哪些事必须做（否则会怠慢神灵），哪些事须按某种特定方式做（否则神灵不会护佑你）；共同信仰的神灵也为约束他人的行为提供了理由：你这么做会触犯神灵，为大家带来厄运，所以我们必须阻止你，这就为共同体的道德规范带来了执行力。

不过，泛灵信仰中的神灵通常还是非常凡俗功利的，远不像亚伯拉罕系宗教里的上帝那样是位道德神；除了拥有超自然力（意思是不受朴素物理学约束）之外，他们和凡人没什么不同，一样有着七情六欲，因信仰他们而带来的行为限制，是基于对其性情与嗜好的认定，所以避免触犯只是准则之一，为让他善待我们，也完全可以讨好他、贿赂他、劝慰他、哄骗他、迷惑他、恐吓他，甚至诅咒他。

道德神则截然不同，他铁面无情地向人类施加一套规范，取悦他、让他善待自己的唯一办法是恪守规范；那么，这样一种远离凡俗的信仰是如何产生的呢？这还要从道德的起源说起。

　　道德源自人类合作与互惠的需要；在经典的囚徒困境博弈中，假如博弈是一次性的，均衡解便是背叛，双方只能眼睁睁看着潜在的合作收益白白流失，但假如博弈是不断反复进行且没有截止期的，并且博弈者能认出对方并记住双方的博弈历史，达成合作从而获得合作收益的可能性便大大增加；所以促成合作的两个关键因素是声誉和无限期，虽然现实中的合作问题比囚徒困境博弈复杂得多，也有许多更精致化的模型来分析，但这两个因素始终扮演着关键角色。

　　问题在于，个体生命是有限的，当截止期来临时，合作关系便会瓦解：我的最后一次合作很可能得不到报答，而最后一次背叛也不会让我付出代价，所以我选择背叛；由于共情能力的存在，这一逻辑可以无限前推：他显然会猜到我在最后一次博弈中会背叛，所以也会选择背叛，既然如此，我在倒数第二次时就应该背叛，他也是……如此一来，合作从一开始就无法达成。

　　现实中有许多会产生截止期效果的情况：他年老体衰，已经很难指望从他这儿得到什么回报；他在这次战斗中很可能丧命，所以他对我的信任不再有价值了；我和他不太可能再次相遇，所以没必要赢得他的信任；不久将出现的那个诱惑太大了，以至我们都不会相信对方抵御得住，所以我还是趁早背叛以便捞到最后一票……

　　截止期效应必须得到遏制才能维持合作互惠关系，

解药之一是对永生与轮回的信仰，这种信仰十分普遍，认为人死后肉体虽朽坏，灵魂却会永生，要么去往另一个世界，要么重新进入另一个（人或动物的）肉体，关键是：现世的作为与来世（或往生）的命运是关联的。这样，博弈就不会因个体死亡而截止了，你的历次合作与背叛都会在另一个世界或另一次轮回中得到回报（正的或负的）。

以永生信仰强化合作，和创业者构造一个动听故事来凝聚团队，原理是一样的；不过未来前景虽有激励效果，却也十分有限，因为在前现代社会（特别是非定居社会），人们对未来报酬的贴现率非常高（即未来报酬与眼前利益相比时要打很大折扣），所以过于遥远的好处（或坏处）对行为的影响很微弱，特别是当眼前诱惑很大时。

效力更强的解药是父系家族，个体生命有限，家族却可以真正地永生，如果家族成为声誉的载体，便可避免截止期效应。但这需要两个条件：首先，家族应能约束其成员的行为，只有这样，别人才会出于对家族声誉的信任而与其成员打交道，已经建立的声誉也不会因部分成员搭便车而被破坏；其次，为执行这一约束的那些成员应能从家族声誉中获得足够多的利益，多于他负担的执行成本加上搭便车的可能收益。

家族的在世共祖（姑且称为家长）恰好具备这样的

条件，随着年龄增长，继续生育的可能性越来越小，家长的利益越来越等同于其全体子孙的利益总和，因而他最有动机去维护家族声誉。如果他获得足够权威和控制力以约束家族成员的行为，那么家族声誉机制便会起作用，而老人在经验、社会关系和财产等方面的优势将帮助他做到这一点。

成功而富有远见的家长能够在家族内施行一套行为规范，使得原本由个体之间经由重复博弈而达成的行为准则，以及群体内经由协调博弈而自发产生的互惠规范，有了更具体的执行者和更强的约束力，他就像带领家族穿越墨西拿海峡的老船长，把子孙们绑在桅杆上以抵御塞壬女妖的诱惑。

但家长寿命也有限，当他去世时，家族就面临瓦解的危险，失去这位规范执行者，多年积累的家族声誉可能毁于一旦；为避免这样的悲剧，族内最高辈分的兄弟（即各支系的家长）可能组成家长会议或推选族长以继续执行规范，但因为亲缘关系的不对称，叔伯对侄子侄孙们的约束远逊于直系父祖，因为他们会被怀疑偏袒自己的支系，而且也确实有动机这么做，兄弟之间的利益冲突将为家长会议的权威和效能制造障碍。

当族内矛盾加剧，破坏家规的行为日益蔓延，家长会议的权威危在旦夕时，族人也许会哀叹：要是老祖宗还活着该多好啊！这种时候，或许另一个声音会冒出来：

祖宗虽然死了，可灵魂还在，他时时刻刻都在看着我们的一举一动，为我们的争吵而烦恼，为我们的不争气而伤心，因我们的失德堕落而愤怒，他会惩罚我们的。真的，在昨晚的梦里，他就是这么对我说的。

在一个充斥着泛灵信仰的世界里，这样的设想是能够成立的，也是能打动人心的，族人们确实想要合作，想要维护家族声誉，他们只是管不住自己，抵御不住短期诱惑，因而真诚地需要一个关心其未来的规范执行者。家长族长们也乐意编造祖灵在上的神话，以强化自己对族人的权威，乐意将自己塑造成祖先的代理人，以减弱族人对其偏私的疑虑。

反过来，假如家族在共祖去世后成功地维持了族内团结和共同规范，那么对祖灵的信仰就会变得更有说服力：瞧，这一族人的行动如此有序合范，履行仪式和对抗外人时如此协调一致，一定是某个意志在背后操纵，除了祖先的灵魂，还能是什么呢？当初他还在人世的时候，不正是这么做的吗？

从观察到的模式与秩序推断背后的意志，同样的泛灵逻辑又创造了祖先神；与自然神不同的只是，据以推断祖先神的，不是四季更替这样的自然秩序，而是一种社会秩序：族人一致行动，举止合范，因家族声誉而共荣共损。

祖先神明显是一种道德神，相对于族人，他已没有私利，他的利益全部寄托在子孙身上了；而最大化这份利益的指望，全在于如何监督子孙谨守道德规范，包括族人之间的规范和如何对待外人的规范。不过，和基督教的上帝相比，他所施加的，并不是一种普世道德，尽管出于家族声誉的考虑，对待外人也须有德，但这不同于族人之间的规范，后者要求更多的合作、更强的互惠和更一致的行动。因为相对于外人，他仍然是有私利的，所以他所要求于族人的，是一种内外有别、亲疏有别的亲亲伦理。

祖先崇拜有助于创建基于血缘关系的大型共同体，从家族、宗族到氏族，如果一个世系的繁衍扩张特别成功，并始终崇奉共同祖先，或多或少遵从他的教诲，便可以形成一个遵循共同规范的大群体，尽管随着亲缘渐疏，世系裂变，分化成多个小社会，但共同规范仍可让各支系之间保持相当程度的理解和信任，在相互交往中，仍然意识到有一个共同神灵在监视着，随时会对背德者施以惩罚，那么，他们之间交往合作的机会，就会远远多于非同源群体之间。

对祖先神的共同敬畏，也为早期大型社会中从事商业和手工业的职业客居群体建立了联系纽带，这些身处陌生人和陌生文化之中的异乡人尤其渴望安全与信任，敬畏共同的祖先神意味着他们可以相信同族伙伴会遵守某些规则，因而可以放心地合作或交易，这就在文化同质性之外提供了更强的信任保障。

这些客居群体散居各地、建立商路、促成商品和信息流通，是推动社会向大型化发展的重要力量；犹太人历史上有多次离散的经历，形成广泛分布的客居群体，共同的神灵信仰和律法让客居社区拥有强大的凝聚力。

许多线索表明，《旧约》的耶和华很可能就是犹太人的祖先神：他反复被称为天父（The Father），他让摩西告诉以色列人，他是"你们祖宗的神，就是亚伯拉罕的神、以撒的神、雅各的神"（为何不简单明了地说"唯一真神"呢？）。他对以色列人有着特殊偏爱，他所教导的，显然不是普世道德，而是内外有别的道德，而且他似乎对自己作为唯一神的地位显得非常焦虑，屡屡告诫以色列人不得崇拜他的竞争对手。

高度道德化（即越来越不在意胙肉的味道而越来越看重子孙的德行）的祖先神能够为血缘群体（无论血缘关系是真实还是虚构的）创建大型社会提供黏结剂，却不足以成为文化上更为多元的、异质的、开放的流动性社会的道德守护者，后者需要一位更不偏私的上帝，其训导的律法在道德上应更为普世（意味着更少内外之别，即便区别对待不同人那也是因为他们的道德立场或道德地位不同），在文化上更包容（意味着规范人际关系的律法应与作为实践指南的习俗相分离）。

当散居于希腊罗马世界的犹太人逐渐接受当地的语

言和文化（高度繁荣精致的希腊文明是难以抵御的诱惑），融入当地社会，他们发现，一位源自祖先神的偏心上帝，一套包含了大量地方性习俗的古旧律法，日益成为其在希腊罗马城市生活的负担。但与此同时，他们仍然珍视着那些为犹太客居社区带来合作与信任的规范，而且仍然相信这些信任离不开他们共同敬畏的上帝的教诲与训诫，他们向来的福祉与成就皆来自他的恩典。

基督教正是兴起于摆脱上述两难处境的努力之中，它消除了上帝的偏心，任何人皆可受洗归信，它要求的道德更少内外之别，它还抛弃了律法中的大量旧习俗，比如割礼和食物禁忌。像食物禁忌这样的规范，并不是用来处理人际关系、避免纠纷、增进合作与互惠的，它们源于特定生态位下的生存策略，以禁忌形式编码为实践指南，继而又被强化而成为族群身份符号，因而具有很强的文化特异性，它们对强化族群认同很有用，但作为多元化大型社会的共同规范却极为不宜。

现代基督徒（特别是新教徒）不仅将上帝看作监视者和惩戒者，更将其视为意义、价值和目的的终极来源，这是道德神的更高形式，因为规范若被内化为价值就更容易谨守，策略性原则若被认为本身即有意义则更易于奉行，假如行动者很清楚地意识到诚信和善良只是赢取长期收益的策略，就很难抵御随时出现的短期诱惑；奇妙的是，那些不知晓、不理解甚至断然否认一种策略性准则之策略性质的行动者，将是该策略的最佳奉行者。

新教徒贬低现世财富与享乐，向往来世拯救与天国永福，否认德行与善举背后有任何功利性考虑；然而事实上，这些信仰恰恰帮助他们取得了最耀眼的现世成就，共同信仰带来的相互间信任，让他们成为成功的商人和企业家，组织起最有效率的企业和社团，建立了充满友爱与互助的自治社区；也正是对共同体伙伴的这种普遍信任，使得一个繁荣而富有流动性的大社会成为可能。

# III 秩序的解耦

就个人生活而言，现代社会最显著的不同在于自主选择机会之多，你可以选择跟谁结婚，或结不结婚，住在哪里，信哪个教，从事什么职业，穿什么衣服，留哪种发型，吃不吃肉，喝不喝酒……不仅有得选，还可以改主意；而在传统社会，个人在所有这些方面都受到了由习俗、法律、教规、行会、社会压力和家长权威所施加的严格束缚。

站在现代立场上，呼吸着自由空气的你很容易发出这样的感慨：那些甘愿忍受这些束缚的人，是多么愚昧和懦弱啊，或者：那些强加这些束缚的人，是多么蛮横而不可理喻啊；进而，你会很自然地认为，现代化和现代人的自由，是清除愚昧、反抗威权压制和解除种种传统束缚的努力所带来的结果。

这一貌似显而易见的看法，却是错误的，我们的祖先并不愚蠢，也并非喜欢束缚而不爱自由，他们愿意忍受旧习俗和旧制度施加的约束，是因为这些制度能带来群体的团结与和谐，能提升群体内的合作机会和对外的战斗力，因而为个体带来安全和生计保障，在没有更好的替代品之前，放弃它们得到的将是饥饿、冲突、恐惧和死亡，而不是自由，死人是没有自由可言的。

贻贝把自己包裹在硬壳中，紧紧附着在岩石上，终身不动，靠滤食水中营养物为生，毫无自由可言；设想一下，假如一群贻贝能够合作建造一个大罩壳，同时满足三个条件：足够坚固因而可有效抵御捕食者，有良好的孔隙结构可保证足够大的水流量，群体内有良好的规范以避免相互攻击，那么个体贻贝便可放心大胆地抛弃各自的外壳，并享受在大罩壳中随意移动的自由了。

为现代人带来高度自由的宪政与市场制度，正是这样一个大罩壳；如同朝鲜战争纪念碑上镌刻的那句名言所指出，自由不是免费的；这套制度来之不易，绝非一个破坏性过程的产物，而是高强度社会建构的结果，经历了漫长的社会组织与制度进化，才在最近几百年逐渐形成，它仍然时时遭受着威胁和侵蚀，需要人们勉力维护。

而且它不是一开始就那么庞大的，起初的小螺蛳壳只能罩住熟人社会，后来人们用强力胶和绑带将许多螺蛳壳拼在一起，凿出通道，这一过程持续进行，形成了一个个庞大的蜂窝状巢穴；再后来，人们找到了一些可以支撑大跨度拱顶的结构组件，于是蜂窝之间的墙壁逐渐被拆除，只剩周边的一些巨大石柱支撑着一个浩瀚天穹。

看着熙攘人群从容穿梭于其间，很容易觉得他们是完全无拘无束的，他们确实摆脱了绝大部分传统束缚，但并非没有束缚，在这个天穹结构的许多要害位置，树立着一些透明的铁丝篱笆，用来加固结构、约束人流、避免冲撞——切勿侵入私人领地、切勿作伪证、切勿没事挥刀舞枪、切勿让执法者感觉受威胁……自如穿梭的人群很少撞到它们，是因为他们对其位置早已了然于胸，而那些刚刚脱离传统社会的游客和留学生，则常常不明就里地撞了上去。

在本书余下各篇里，我将讨论这样几个问题：那些在大型社会建造过程中曾扮演过重要角色的脚手架，是如何被拆除的？是哪些支柱取代它们，支撑着如今我们所看到的全新社会结构？这种新结构让我们身处的世界有何不同？对于个人生活和文化进化，那意味着什么？这是命中注定的历史终局，还是机缘偶得的特殊幸运？

# 1 权利的兴起

权利是一种约束人与人之间相互行动的特殊规范，它告诉你：除非经你同意，别人不能对你做哪些事情，反过来，除非经他同意，你不能对别人做哪些事情；没有这样的规范，生活将变得异常烦琐而艰辛。在每一个特定场景中，当你选择如何行动时，必须考虑所有可能引发的反应和冲突，为每一种可能性做一番权衡算计，才能做出决定。

我从距离他家后门五米的那条小路经过，会不会被他视为入侵者而向我放箭？我时常穿越的那片树林最近有一些猎人出没，他们会在林间设陷阱吗？这女人陷在水坑里，我要是去拉一把她丈夫会杀了我吗？我想从这条小溪里引些水到我田里，下游的村民会不会冲过来把我家房子烧了？我想划船去河对岸亲戚家，在河里捞鱼的那些人会因为我惊动了鱼群而掀翻我的船吗？

权衡这些问题绝非易事：这么做会损害他的利益吗？这利益有多大？他有多在乎？他会做什么来阻止我？他

这么做的决心会有多大？我打得过他吗？如果我打赢了事后他会找一帮人来报仇吗？他能找到多少人？他知道我打得过他吗？他相信如果我输了我也能找到一帮人来报仇吗？假如我们有一些共同朋友，他们会站在谁一边？他了解这件事（比如划船穿过这片水域）对我有多重要（或多琐碎）吗？他知道我有多在乎（或多无所谓）吗？……运用我们的心智理论和共情能力，这一权衡可以无穷递归下去，理论上可能是无解的，虽然实际上我们会在某一点停止计算并得出一个结论，但远非轻而易举。

在熟人社会，事情会方便许多，因为有着大量哈耶克所称的局部知识（local knowledge）或分散知识（dispersed knowledge）帮我们简化计算：某甲特别介意别人跟他老婆搭讪；某乙钓鱼时最好别打扰他；某丙容易被激怒，他屋后那眼泉水可是他家命根子；这片果树是某丁爷爷亲手种的，你随便摘会跟他家结仇；某戊虽很和善，万一被激怒了后果很严重，他能轻易找来几十个人替他出气……

有关何种举动在某人身上可能引出何种反应，前人已替后人做了大量试验，获得的知识经由日常闲谈而保存在众人记忆之中。这样，个人在采取特定行动时，只需考虑是否值得为此事可能带给自己的好处而冒可能引起的冲突，以及自己能否承受这一风险；在若干相邻的小群体之间，假如相邻关系较为持久，也可经由试探与互动而产生类似的知识。

然而在一个大社会，人们不可能依靠这些知识决定如何行动，甚至即便人们满怀善意地运用"己所不欲，勿施于人"这条黄金法则，也只能解决一些诸如打骂、杀人、抢劫等最明显的问题，而现实冲突比这些微妙得多：我怎么知道鱼群会不会被一条小船惊扰？从小溪引走多少水才会影响下游用水者？我打算设陷阱的这片林子常有人穿越吗？有多频繁？只要有坑到人的一丝可能性我就只能放弃？

所以，人们若要共同生活在一个稍大些的群体中，规范便是不可或缺的，只有规范所带来的可预期性才能大幅降低上述计算负担，使得大型社会的生活成为可能；早期的社会规范多为不可变通的禁律（或义务），即规定在何种情况下不可做什么（或必须做什么），无论受影响的人是否同意；典型的禁律和义务是各种禁忌（taboo）和仪轨（ritual），它们充斥于初民社会的生活之中——

什么东西不能吃，不可与谁说话、独处或发生性关系，尸体须按哪几个步骤处理，狩猎或打鱼时须遵循怎样一套程序，猎获物由谁按何种固定模式分配，跟酋长说话时应采用何种姿势，在外与陌生人相遇时如何接近、招呼和问候，应邀拜访邻村时应如何穿戴，可携带什么武器，宴会上不可说哪些话……生活的所有方面，日常的一举一动，都被这些规则牢牢束缚着。

有些规范只是被刻板化了的生存策略，但也有许多是用来调适人际关系的：如何让丈夫相信我和他的关系是排他的？如何让姻亲相信我是严肃对待这桩婚姻的？如何让酋长相信虽然我很杰出能干却并不打算挑战他的权威？如何让偶遇的陌生人相信我没有攻击意图，同时并不缺乏防御能力？如何让宴会主人相信我不会借机发动一次里应外合的袭击？

这些规范的实践者往往对它们持一种神秘主义的看法，而并不理解其策略价值或社会功能，但文化进化的选择机制倾向于让有利于群体繁衍兴旺的规范留存下来；不过，不可变通的禁律和义务的短期适应性很差，其变化速度受限于文化变迁的节奏，后者只能随代际更替而缓慢发生。

这是因为这些规范利用了人类的一些深层心理机制，包括对被归为不洁事物的嫌恶感，对设想中推动着世界运转却不可见的神秘力量的敬畏和恐惧，由某些持久价值所引发的神圣感，正是这些机制使得各种禁忌和仪轨能够在没有一个权威执行者的情况下被忠实而执着地遵循。实际上，这些心理机制正是因其具有确立和强化社会规范的功能而进化了出来（或被改造移用而来）。

所以，个体一旦在文化习得过程中将某些事物或行为与嫌恶感、神圣感、敬畏感建立了关系，就很难再改变；就像从小在禁忌某种食物的文化中长大的人，可能真的会因误食这种食物而呕吐，尽管它在医学上完全是无害的，而他也早已放弃与此禁忌有关的信仰（或文化认同），并且相信那是完全无害的。

不可变通性的另一个问题是难以适应多样化条件，一条禁律可能在某些条件下有利，另一些条件下不利；对某些人有利，对另一些人不利。禁止在泉眼附近挖土，可保护水源；禁止在溪流中筑坝，可避免上下游用水纠纷；禁止在村后山林中点火，可预防火灾；禁止将牛群驱入麦田，可避免邻里冲突。

可是，在许多情况下，被禁止行为带来的收益可能远远超出受影响者的损失；泉眼附近可能有铜矿；筑坝引水对上游人家可能性命攸关，而下游人家只损失极小部分产量；在村后山林中烧炭利润丰厚，足以补偿可能的火灾损失；有些麦田的谷物品质差得只能做饲料，直接让牛群去吃不仅方便还可肥田。

社会越复杂，一条禁律普遍适宜的可能性就越小，因为同一资源在不同生产模式中的报酬率不同；而社会越复杂，可能的生产模式越多，禁律保障了资源被分配给某些生产，稳定了从事这些生产者的预期，因而改善了激励——确保村后山林不着火，水源不被破坏，人们才敢在此安家，对土地进行投入，确保农田不被踩踏，人们才敢种庄稼——但同时却压制了这些资源被转移到更有利可图的生产中的可能性。

应对这一问题的一种办法是为禁律引入种种例外，或者通过某种议事程序针对个案作相机变通，但这样会让规则变得极为烦琐，相机变通也削弱了其稳定预期的功效。更致命的是，禁律的确立通常依赖人们对冒犯神灵的恐惧（或类似心理机制），你很难教会人们在那些例外情形下避免这一恐惧，触发一种恐惧反应的条件若过于复杂，就很难习得。

幸而，人类找到了禁律的另一种替代物，那就是权利；权利可以视为一种带开关的禁律，即为禁律加上这样的条件："不许做××，除非得到某某同意"，这样一来，假如某项资源被禁律锁定在某个低效率配置中，希望将该资源转至更高效用途的人，便可向该项权利的主人提出一笔交易：向他提供补偿，以换取他对前者解除禁律。

假如泉眼附近的铜矿价值果真远超泉水，开采者必定在支付补偿之后仍有利可图。同样，假如烧炭或制陶的收益足够补偿火灾风险而有余，山林就不会被锁定在固有配置中；上游居民引水后的新增产量若可养活50人，而下游损失的产量只是5个人的口粮，类似的交易也会发生；而在牛群与麦田的案例中，或许麦田主人还会付钱给牧牛者。权利是个人（或群体）用来对抗其他人的规则，规则违反者冒犯的不再是神灵而是权利的主人；这一转变意义重大，它很大程度上解耦了规范体系与生计模式之间的关系，如果生产者的预期只能由禁律保护，那么这些禁律必定会适应所在社会的生计模式而高度特化。羚羊捕猎者有一套配合羊群食性、迁徙和繁殖规律的禁律，河口捕鱼者、猎驯鹿者、猎海豹者、游耕者、灌溉农耕者、旱地农耕者、农牧混业者、游牧者……会各自形成截然不同的规范体系，这样，资源被锁定的后果才不会过于严重。但是，假如将行为边界交由个体（或小群体）分散控制，资源就不会被锁定。

比如以农耕为主、畜牧为辅的社会，或许会禁止驱赶或任由畜群进入农田，这样畜牧者不得不管好自己的畜群，必要时将其圈起来；而以畜牧为主的社会没有这条禁律，所以农耕者要保护农田只能自己修篱笆。现在假设一个农耕为主的群体因迁徙或增殖扩张而进入一个更适合畜牧的新地区，当越来越多农耕者转而放牧时，原有禁律便成为负担。此时，如果禁止他人畜群进入自家农田是一项权利，那么放牧者便可与剩下的少数农耕者达成这样一笔交易：由前者负担成本为后者的农田修篱笆，以换取开放放牧的机会。

现代市场社会中，诸如此类的交易随时在发生，当权利归属明确（因而行为边界清晰）时，想使用某项资源的人就知道该找谁协商；当生产模式需要改变时，资源再配置过程也可能以和平方式完成。因此，权利不仅让未来更可预期，也促进了合作、减少了纠纷，并且让资源向效率更高的方向流动。

然而权利的出现是个漫长而充满侥幸的过程，它需要某些均衡状态的长期持续，需要诸多制度元素的支撑，需要一种全新的正义感被普遍接受，甚至需要发展出一些新的心理机制来强化这种正义感，而所谓天赋自然权利，则只是一种让它显得更加不容置疑的修辞而已，对我们理解权利的性质和起源毫无帮助。

权利发端于利益相互冲突的个人或群体之间达成的休战协议，由于资源的稀缺（特别是人口压力所造成的生存资源稀缺），利益冲突无处不在且永无止息；幸运的是，利益冲突并不总是导致暴力对抗、混乱无序，以及零和甚至负和结果，在有些条件下，竞争各方乐意也能够达成妥协，以避免两败俱伤或陷入消耗性的拉锯战。

比如双方势均力敌，谁也无法彻底制服或消灭对方，至少不能以自己愿意承受的代价做到，于是双方只好坐下来谈，为各自行为划出边界，为双方接触交往订立一些规则；假如这一均势维持的足够长久，时而发生的细微争议总是能和平解决，对规则的偏离能及时得到矫正，那么一条权利边界便逐渐浮现了出来。

但两方均势是不稳定的，随时可能因力量消长或偶然出现的不对称机会而被打破，更稳定的是三方均势：甲能分别打败乙和丙，但乙和丙联合起来可打败甲；此时，只要乙和丙有足够的智慧和远见，抵御住与甲结盟的诱惑——"咱们联手灭掉第三家然后瓜分其资源吧"——并且丙也抵御住和乙联手灭掉甲的诱惑，均势便可维持；这一原理也可扩展适用于更多参与方的情形。

不过三方均势也不是很靠得住，人类常缺乏它所需要的智慧和远见，而且它还要求各方能随力量消长而及时调整结盟关系，这往往面临心理障碍，而且与权利正义对杜绝机会主义的要求相冲突。况且，当人口压力达到极限时，对生存资料的急迫需求必将压倒远期考虑，向面临饥饿的人解释均势所带来的长远好处是毫无意义的。

真正稳固的妥协与契约关系存在于结盟对抗共同敌人的长期盟友之间，在一个霍布斯世界，四处都是你的竞争对手，仅仅防备他们就是沉重的负担，何况你还希望有所扩张，如果结盟能让你在几个方向上取得安全，便可集中力量对付剩下的敌人；好在你不难找到潜在盟友，在一个血缘群体聚族而居的世界，相邻群体往往由共同祖群分支裂变而来，或者由姻亲纽带联系在一起，与谁结盟的问题有着明显的答案。

结盟并不会消除竞争，但可以将竞争行为约束在权利边界之内，血缘与婚姻纽带、共同的语言和习俗、面对共同敌人的危机感，都将有助于规范的确立；进而，通过在战争中的协调行动，联盟还可周期性的将随人口增长而渐增的资源竞争压力引向外部，从而保护内部的权利边界不被过度紧张的资源压力所压垮。最终，那些成功扩张的联盟将建立起一个规模可观的共同体。

持久而重要的联盟往往存在于群体之间（至少是家族之间），因而由盟约所保障的权利，其主体并非个人，而个人权利更多地由另一条十分不同的路径发展而来，这条路径由专业武装组织所开启；在此之前，资源竞争以横向排挤的方式进行，获胜群体驱逐或消灭失败群体，但利用资源的方式不变，渔猎、放牧、耕种，和他们在原有土地上所做的一样，就像一群羊挤走另一群羊后，仍然只是吃草。

专业武装组织则是狼，起初他们可能以劫掠为生，丝毫不顾羊群死活，反正榨干一群可以再寻找下一个目标，可是当这一生存策略广为流行，四处都有狼群出没，吃完一群后找到下一群变得越来越困难时，他们逐渐认识到，在控制一群羊之后，让它们继续生存繁衍，持续产出肉奶，是更有利的做法。

从劫掠向统治的转变和从狩猎向畜牧的转变颇为相似，统治者需要维持一支武装以控制他的羊群免得造反，需要护卫领地以免资源遭破坏，保护羊群免受外狼攻击，需要一些管理者负责征收贡赋，需要平息羊群内部冲突以免损及羊命与产量，需要控制宰杀数量以维持种群规模。

这一转变看似会将被统治者陷于奴役状态，实则不然，而这仅仅是因为人类作为生产者有着与牲畜完全不同的特性，圈养牛羊的肉奶产出率比野生的高，而人类奴隶的产出率却比自由人低得多，正如贾瑞德·戴蒙德所言，只有少数动物适合驯养，人类有幸不在其列；实际上，奴役是一种效率极低的安排，奴隶没有激励去提升产量，改进技术，积累知识，因为由此增加的产出与他无关；而同时，奴隶主则要负担巨大的监督成本，因为在缺乏长期激励的情况下，只能将任务分解成两顿饭之间能完成的一个个小步骤，才能利用饥饿感这种极短期激励来驱使他们工作。

与奴役相比，产出分成或定额贡赋的激励效果好得多，允诺生产者保留产出的某个比例，或扣除贡赋后的全部剩余，他们便有动机去设法提升产量，并对土地作持续投入，而领主也有了一份持续的收入流。这一安排实质上形成了一种土地租赁关系，对于领主，土地因其带来的稳定租金流而成为易于估值的资产。

当领地规模变得非常庞大时，控制与管理便成为难题，一种方案是建立层级化官僚系统，但运营此类系统所需要的知识和技能很晚才出现，而且它所带来的委托代理关系中的代理权滥用问题几乎无法解决，更方便的做法是用租赁取代委托代理，由首领将领地分租给武装组织的高级成员，后者以效忠和服役支付租金，同时将土地租给生产者。

多级租赁不仅大大简化了控制层级之间的关系，而且让系统有了很强的可扩展性，每当因征服或兼并而获得一块新领地时，只需让新领地的领主成为首领的承租人即可，无须对新领地内部结构做任何改变。

多级租赁关系在众多个体之间划出了行为与利益边界，然而要让这些边界固化为权利，还有一个问题需要解决：如何确保领主不会持续提高租金？如何阻止领主在手头吃紧时任意压榨和掠夺承租人？实际上，对此并没有当然的保障，但还是有一些机会可以指望。

首先，由于大块土地在诸多小领主之间分租，他们之间存在竞争，过度压榨会导致租户逃亡，因而必须有所收敛，这一约束在瘟疫频发，造成劳动力长期紧缺时尤为有效；只要存在逃亡可能性，压榨就不能强到农民只取得劳动报酬的程度，因为劳动力是容易移动的，在劳力紧缺条件下要留住农民，至少要让他们获得一部分资本报酬，即他们以往对土地进行的改良，长期积累的高度本地化的知识技能，必须有所回报。

和农民相比，手工业者和商人的资产更容易移动，因而更能抵御压榨。中世纪欧洲的工商业者往往能从相互竞争的领主那里获得优厚的承租条件，以购买特许状换取市镇自治权；而每当条件恶化时（通常伴随着强势专制君权的崛起），他们就转移地盘，造成历史上欧洲商业和制造业中心此衰彼兴、星火不熄的局面。

更加靠得住的指望，是多元权力之间的多角制衡；最高领主（国王）的一级承租人（大贵族）也拥有大片土地和众多效忠者，他们若能联合起来便可对抗国王的压榨和任意索求；同时，国王为限制大贵族的权力膨胀，以免危及王权，也乐意介入大贵族与其次级承租人之间的纠纷冲突，并以保护弱者权利之名施加干预。

另一种制衡存在于君主与知识阶层之间，知识精英掌握着解读经典、书写历史、阐释习俗惯例的独特机会，而这些都是君主声望与权力合法性的重要来源；同时，他们也是君主创建官僚系统以强化王权的人力来源。所以，假如知识精英的生产中心（书院、大学、修道院）、认同焦点（经典、圣地、圣贤）和影响其前途命运的力量（作品出版与流传通道、报酬与声望来源、升迁途径）处于君主控制之外，那就对君权构成了有力制衡，而这恰是中世纪欧洲的情况。

多角制衡并不少见，但由制衡演变为稳固持久的、制度化的宪政结构——这是权利得到可靠保障的前提，却有着远为严苛的条件，当贵族们联合对抗过度索求的国王时，要懂得适可而止、善于妥协，而不是不做不休，非要来个天翻地覆、你死我活、赶尽杀绝，消灭国王的结果是，制衡关系需要重新确立，这比恢复旧均衡困难得多。

可是要让贵族（特别是挑头者）接受妥协，就必须让他相信国王不会秋后算账，如果真的算账，他的同伙们会与他共进退，而不会自己得了好处单单把他出卖了；这里需要一些政治智慧，但仅有智慧不够，还需要良好的政治传统，选择不做不休的人可能并不傻，或许正是前辈们血淋淋的教训告诉他国王的妥协许诺是根本不可信的。

所以，妥协所需的政治智慧，成功妥协的历史记录和善于妥协的政治传统，三者之间存在相互加强的互反馈关系，一次成功的妥协增强了人们对妥协的信心，因而在未来更容易达成妥协；如此反复多次，均衡得以持久维持，各方对均衡中各自权利边界的信念便不断加强，触犯这些边界将引起共愤，因为大家都在这一均衡中有着既得利益，都对均衡破坏后的惨烈后果有着痛切记忆——事态能够如此发展，实属侥幸。

另一方面，国王在介入大贵族之间以及他们与次级承租人之间的纠纷时，也有两种选择，如果他凭一己之意做独断裁决，那就不可避免地将自己的亲疏喜好和利益算计带入其中，这或许有助于均势的一时维持（就像打地鼠游戏，看见哪个冒头就敲一下），却无助于权利边界的长久稳定，因为与个人独断相伴的机会主义将破坏人们对边界的信念。

另一种选择是建立一个司法系统去处理这些纠纷，将司法作为一项公共服务提供给领地内居民，不仅可避免冲突激化殃及王权，也将因安全改善而提升产出，从而增加租金收益，还可因其矫正不公恢复正义的能力而赢得权威；成为人们在权利受侵犯时寻求正义的可信依靠，是一条赢得声望、增强合法性和巩固王权的光荣之路，只有极少数有幸抵御住个人喜怒恩怨、权力贪欲和种种短期诱惑的君主踏上了这条道路。

宪政结构若得以巩固，权利边界至少在上层阶级内有了保障，作为系统的既得利益者，他们都有动机去维护它，随着对既有权利的反复主张、重申，侵犯得到矫正，有关权利与自由的正义感将溶入他们的文化血液之中，此时，另一个机制开始起作用。

贵族的资源条件让他们在后代数量上有着明显优势，但社会阶梯越往上越狭窄，所以每一代贵族子弟都有一部分会向下滑落，滑落者并非突然变得身无分文，在滑到底之前，他们仍然是有产者，甚至仍是贵族；所以很自然地，他们仍然会依靠最初在最高领主与一级承租人之间形成的权利规范和司法机制来捍卫他们的权利（虽然这份权利比父辈的小了很多），因而仍然秉持着他们祖辈有关权利的信念和道德感。

贵族的持续增殖与滑落逐渐替代着底层人口，同时也让他们的权利观念、行为准则、行事风格、价值观和道德感以及配合这些东西的文化与制度元素不断向下渗透，假如这一过程持续数百上千年而不被革命等颠覆性事件打破，那么，支撑权利的这整套东西最终将蔓延扩散至整个社会，将后者塑造为基于这套规范的道德共同体。

## 2 从财产到资产

　　财产是一种可出租和可让渡（或曰转让）的权利。我在前面的文章里说过，权利（就其原初形态而言，其衍生形态更多样，后面会细说）是一种带开关的禁律（或义务）：别人非经你同意不得做（或必须做）某些事；出租的意思是，你暂时对某人有条件地打开这个开关，而转让的意思则是，这个开关从你手里转到了另一个人手里。

　　对财产的这个定义有点奇怪，实际上没有什么权利是不可出租的，因为权利区别于禁律（或义务，后文不再一一注明）的要点即在于其主人掌握着开关，开关若被焊死，它就退化成了禁律；有些名为权利的规则其实就是禁律，之所以被称为权利，是因为历史上它们曾经是可出租的。

　　比如人身权，意思是非经你同意别人不得打你杀你，可是当今各国法律都禁止杀死无辜者，无论被杀者是否同意。即便安乐死合法的地方，也都附加了严格的医学条件，所以开关其实掌握在医生或医院伦理委员会手里。

人身权之所以会退化为禁律，是因为它十分特殊，人身安全的保护常需要使用暴力进行自我防卫或互助防卫，而且防卫措施往往非常急迫，试想你在街上看到某甲在单方面殴打某乙，或持枪追杀某乙，你很想协助防卫，可你怎么知道乙有没有同意甲这么做呢？等你弄清原委，乙可能已被打死了，你若想干预，安全有效的办法或许是一棍子将甲放倒，但这就可能重伤了一位无辜者。

因为人们普遍相信，极少有人甘愿将生命交给他人处置，允许这种罕见交易所带来的好处，远远不及因其干扰削弱互助防卫而带来的损失，所以他们宁愿支持那种将人身保护作为禁律而非权利的社会规范，这就解释了为何在那些原委容易辨明、明显不需要协助防卫的特殊场合，他们又愿意将人身保护变回权利，比如拳击赛场，还有决斗场（当然，决斗在近代被禁止了，不过那是出于另一种与本文主题无关的理由）。

再来看可让渡性。原则上，没有什么权利是不可让渡的，问题在于成本。权利的维护涉及许多代价不菲的活动：随时警惕侵犯意图，在侵犯苗头出现时及时反击和制止，为权利边界做广告以便让可能的侵犯者知晓，使之成为所在社区众所周知的事实，以便在可能的纠纷中得到支持，利用一切机会展示你维护它的决心和能力……

妨碍权利让渡的关键因素是，同一项权利由不同人拥有时，维护成本很不一样，对于某些类型的权利，这一差异可以大到只有当它由那个与该项权利有着特殊关系的人拥有时，才是成本上可行的，才值得由习俗、习惯法、互助防卫，以及治安与司法系统（这些也全都是有成本的）去支持它，于是，它就被视为一种不可让渡的权利。

比如人身权，某甲的人身权若由甲自己拥有，首先就免除了标定权利边界的广告成本和宣示意愿与决心的成本，因为大家都相信，一个人保全自己生命与健康的意愿是理所当然的；其次也大幅降低了警戒与护卫成本，因为对于侵犯某甲人身的行动、意图和预兆，甲自己通常有着最佳的观察条件和最高的敏锐度，也最懂得如何实施护卫。所以，人身权普遍被认为是自我所有且不可让渡的。

但并非没有例外，监护权便是一种让渡后的人身权（但监护让渡并不限于人身权），监护权之所以得到认可，是因为人们普遍相信，儿童（特别是幼儿）、心智不健全者或暂时丧失行动能力者，在维护自己人身权上丧失了常人所具有的优势（即以最低成本取得最佳维护效果），而法定监护人是其余人中最具优势者。

除了某项权利与特定个人之间的天然关系之外，权利维护成本的人际差异也可能源自维护优势的特化，因为维护权利所需要的知识、经验、技能和社会资本，都是高度本地化的，只能在与某项权利相关的社会背景中获得。因而，长期持有某项权利的人，将在这方面积累起显著的资源优势，这些优势通常无法随权利而一起转交给他人。这样，受让者不得不承担额外开支来维护权利，当开支高到足以抵消受让这项权利带给他的好处时，让渡便不会发生。

典型的例子是不动产，土地权的维护高度依赖于本地经验和社会资本，在高强度的司法保护创造出一个土地流通市场之前，它近乎不可让渡（除了继承）；为有效捍卫土地权利，主人需要了解可能的侵犯将在何时何地由何人以何种方式做出：重要的水源来自何方？上游的谁可能在哪个季节把水引走？何处修围堤会把洪水引向我这边？哪家的牲畜可能践踏我家田地？有哪些污染来源需要警惕？为防范侵扰，我该养狗还是筑篱笆？有人来收保护费时该不该交？交多少合适？当侵犯发生或即将发生时该如何与对方交涉？何种举措是适度的？交涉未果时该向谁求助？——所有这些知识都来自特定环境中的长期居住和社会互动历史，因而难以转交。

更难转移的是社会资本。土地权维护需要良好的邻里关系，充满敌意的四邻会让维护成本高得无法负担，当侵犯和纠纷发生时，财产权得到认可，维护行动得到援助的可能性，皆有赖于个人在社区中的人脉与声望，他以往成功捍卫自身权利的历史，以及他帮助他人捍卫权利的历史，这些资源只能在现场的、亲身的互动过程中建立，而且在聚族而居的传统社会，它们与家族和姻亲关系交织在一起，因而无法转交。

不动产的这一特性，也解释了为何历史上屡屡出现地产权的骨皮分离现象，每当一项土地承租关系长期持续，就往往转变成永佃权，即，只要承租人按期交租，土地原有主人不得解除租约；此时，原主人其实已经丧失了土地所有权，因为这项权利中的那个开关已经转到了承租人手里，后者取得了事实上的所有权（田皮），而名义上的所有权（田骨）其实是一种以该土地作抵押的定息债权。

不动产的名义所有权与实际所有权的分离（用法律术语说，是所有权与占有权的分离，后者也是一种财产权，但按我的定义，前者不是真正的所有权）普遍存在于各种法律体系中。这表明，人们总是倾向于将对不动产的实质性权利认定给其长期实际占有者，因为他们具有维护此类权利的最佳条件。

更进一步看，这一倾向揭示了财产权发展进程中两股力量的拮抗：一方面，存在着出租和转让财产的强烈需求，因为将财产转移到更有效率的配置中可让交易双方获益；但另一方面，权利维护成本的差异使得转让很难发生，因而资源转移最初只能以租赁方式进行，但随着承租关系不断持续，承租人逐渐获得维护成本上的优势，而原所有人逐渐丧失优势，于是出现骨皮分离。

然而，当司法系统逐渐发育成熟，对财产权的保护变得越来越可靠时，这两股力量的对比随之发生改变；治安与司法救济越可靠，人们就越少依靠自我防卫、协助防卫和自力救济来保护财产，因而财产权的维护成本就越无关乎由谁拥有，也就越少人际差异，因而越容易转让；同时，当转让变得越发容易，越来越多的财产变得适合流通，进入市场。

最初流通于市场的，都是易于移动的有形商品，交易伴随着实物的当场转手。在当时的观念中，所有权可以和对实物的控制、持有或占有相分离的想法是很奇怪的，唯有当有关财产权和契约责任的观念已牢固确立，并且得到习俗和司法的可靠支持之后，出借、寄存和赊欠等控制与拥有相分离的做法才得以流行。

当信心继续增强，异地交付和远期交付也开始出现，财产的交易甚至不必伴随着任何实物移动，它们仍然留在第三方的仓库里，只是所有权转移了；此类交易是现代大宗商品市场的基础，今天的交易员只需在电脑上操作几秒钟，便可完成一笔大宗交易，其规模之大，在古代需要一支庞大军队护送押运，但人们很少意识到，这背后隐藏的信念与信任是何等深厚。

债权最初也是难以转让的，一个人愿不愿把钱借给另一个人，有多担心他到期不还，万一不还打算怎么办，这些都高度依赖于两个人之间的关系；一种常见保障是熟人间的互惠关系和声誉机制，债权人相信借债者不会为赖这笔账而牺牲他们之间的关系，并毁掉自己在社区的声誉，利率安排也可能是人情往来的一部分（即以低息或免息作为一份礼物），这些都是无法转手或只能在极有限范围内（比如家人之间）转手的。

即便不涉及互惠，债权的执行优势也往往是高度特化的，这一点在黑帮的高利贷中表现得最生动，黑帮以骚扰恫吓甚至剁手剁脚的威胁迫使债务人还钱，这种债权一经转手可能就变得一文不值。当然，黑帮高利贷只是个极端例子，但同样的问题不同程度地存在于各种借贷关系中。直到抵押、追索、清偿优先权、财产保全、破产程序、信用评级、违约互换等与债权保护有关的一系列制度元素陆续被开发出来，并且得到司法系统的有力支持，债权才成为一种可流通的财产权。

当财产权的保护变得十分可靠，所有权与控制权的分离不再引起丧失权益的担忧，人们便发现，有些时候，将财产交给别人控制反而更有利，或许是因为那人更善于理财，或社会地位更高因而更能抵御侵权，或更懂得如何保护权利（当然，最重要的是，他有着良好的声誉），这一需求催生了财产权发展历程上的一座丰碑——信托。

信托彻底分离了一项财产的控制权和从中获取的利

益，它甚至能够将信托人的意志和利益延伸到他死亡之后，将信托财产所产生的收益用于他所指定的用途；从另一个角度看，信托实际上虚构了一个权利主体，它和自然人一样有着意志和利益，只是丧失了行为能力，因而由受托人代理，这很像监护权，只是在监护关系中，被监护者的意志和利益是推定的，而信托人的意志和利益则可以事先明确表达［在默示信托（implied trust）中，那也是推定的］。

信托也可用以处理共有财产，当一项难以分割的财产由许多人共同拥有时，在实现收益最大化方面就面临许多障碍：决策与集体行动的困难（这池塘养鱼还是种莲藕好），谈判和议价困难（租给他合算吗），所有人都想从中捞到更多好处，却尽可能避免承担管理责任和维护权利的代价；将财产信托给其中一人或第三方，原共有者作为受益人定期获取收益，是一种方便的安排，但这需要对产权保障的高度信心，还有成熟的会计制度。

再往前跨一步，就是公司法人了。公司是一种虚构的权利和责任主体，股东们各自将一份财产让渡给这个主体，换取一份股权，而公司则在这些财产的限度之内承担民事责任；公司制度实际上将财产权中的一些成分——挑选和更换受托人、重大投资事项上的否决权、收益分配权、解体时的清偿权——分离了出来，加以标准化，组合为股权，同时将其余部分让渡给公司，同时股东免除了与这些财产的经营投资相关的法律责任。

公司制度进一步分离了对财产的实际控制和财产带给其主人的权益，财产的价值与用途和由谁拥有它变得更不相关了，这一分离在股权公开流通市场上达到极致，上市公司的股票每天都在大量转手，对财产的控制和使用，公司的投资与经营活动，却可保持一致连贯；同时，许多小股东根本不懂也不关心这些活动，他们仅仅从股价和分红数据的变动中（最多加一点市场中流传的信息），判断自己的权益有多少保障。

从即时交付的商品交易，到异地交付、延迟交付等复杂契约交易，再到基于标准合约的、完全脱离于实物转交的大宗商品纸面交易；从基于互惠关系和个人声誉的熟人借贷，到基于抵押、担保和信用评估的商业信贷，再到可流通债券；从必须现场亲手捍卫的土地权，到高度依附性的封建承租关系，再到易于转让的自由租佃；从永佃权到骨皮分离后各自可流通的所有权与占有权；从自营产业到信托；从个人企业到公司再到上市公司，财产的控制和权益不断分离。从一项财产中获取好处，不再需要所有者与这项财产所涉及的资源和行为边界之间建立特殊关系：无论是空间上的临近，相关的知识技能与文化背景，还是与四邻的互惠或亲属关系，在社区中的个人声望和人脉资源。

重要的是，这一分离解耦了权利分布与资源配置之间的关系，权利的可让渡性带来了资源的流动性，从而当创新发生时，所需资源可尽快转移到新的配置结构中，否则，这样的再配置过程只能由侵占、掠夺、征服、没收等强制手段完成，后者不仅本身消耗极大，也削弱了人们创造和积累资源的激励。

上述发展改变了人们看待财产的方式，在早先，谈论一项财产而不提及其主人是很奇怪的，就像谈论一部文学作品而绝口不提创作者一样，财产（property）不能脱离其主人而存在，就像容貌和肤色不能没有主体一样。实际上，"property"也可以用来指一个人的个体或社会特性；相反，当人们谈论一项资产（asset）时，则不太关心谁拥有它，而更关注其市场价值和它产生的收入流，尽管这两个词的涵盖范围完全一致。

财产转让的可能性，也方便了移居和变换职业，因而促进了人口在地理上和社会阶层间的流动性。如果你的主要财产都是不可移动也难以转让的，比如不可转让的土地承租权，需要借助社会压力来催讨的债权，在家族或社区共有财产中的，需要现场亲身维护的权益，如果你经营的生意中用到的资产都是无法变现的，比如凭家族势力在当地强力维持的行业垄断地位，那么迁移或转业的代价就会高得无法承受。

法律支持之下的可流通财产权，已成为流动性大社会的一大支柱。

## 3 金钱万能

现代社会之流动性意味着[1]：个人不再像传统社会那么牢固地被束缚于特定地理位置，而之所以存在这样的束缚，是因为在以往，个人赖以谋生的资源通常都是本地化且不可互换的，其产出往往也是不可存储或难以移动的。换句话说，由于资源及其产出缺乏流动性，以之为生的人们便难以流动。

为理解这一点，我们不妨考虑一家打算搬迁的制造企业，在全球化带来的产业转移中，这样的搬迁经常发生：辞退雇佣的工人，退掉租来的土地和厂房，卖掉库存，搬走设备……然后在另一个地方进行相反的交易。

这一过程难免会有困难和损失：假如工人不是雇佣的，而是和你建立了终身依附—效忠关系的附庸（有些

---

[1] 除非特别说明，本书的"流动性"一词皆指人口在地理空间上的流动性，即人口流动性，而不是指社会流动性，即个人的经济状况和社会地位在个体生命周期内的变动可能性，或社会地位的代际非相关性。

日本企业近乎于此）；假如土地自有而非租来的，并且不存在一个土地流通市场；假如厂房不是标准化的，而是定制的因而卖不了几个钱；假如设备维修所需技师只有当地才能找到；假如你的销售渠道高度依赖与当地政府的关系……那么，搬迁的损失就会很大，甚至会损失掉资产价值的绝大部分。

在当今全球产业体系中，企业搬迁之所以能够经常发生，是因为存在一个发达的要素市场，生产过程所需各种资源（在无数市场制度元素支持下）已成为可交易商品，因而企业家可以将组合在一种生产中的要素全部卖掉，变成货币，然后在新地点再买回（或租来）这套要素，从而将企业重建起来。

这一切能够发生，都离不开货币：什么都能换成钱，而钱又能买来一切——金钱万能，这句话确实抓住了现代市场社会的核心特征，正是经济的深度商品化和货币化，带来了现代社会的流动性。

在缺乏货币的社会，各种交易常在对称的互惠关系或非对称的依附关系中发生。要素报酬以直接满足对方消费需求的方式支付，物品交换以赠礼、赊借、人情债、彩礼嫁妆、贡献、赏赐等方式进行，雇佣关系则被主仆、师徒、恩主—门客关系所代替，劳动报酬以包吃包住、宴飨、安全庇护、婚姻或政治上的恩惠等形式支付，土地租金则以军役、实物贡奉、招待服务等支付，而宴席成为清偿各种债务的工具。

这些互惠和依附关系是高度人格化的，无法兑换并移动到其他地方，比如你在亲友婚丧嫁娶时送出的礼物，只能在未来类似事件中收回，你不可能在某一天宣布：我要搬家了，请你们把欠我的人情换成现金付给我；类似的，你在人际交往中逐渐积累起来的，你从长辈继承来的，通过婚姻而获得的种种社会资本，都是无法兑换和移动的，所以当你来到一个陌生地方，一切都要从头开始。

人力资本和社会资本如此，有形资产也是，实物地租盛行时，地主多为乡居地主，城居地主是货币经济发达的结果。西欧封建时代早期，领主们经常携大批随从轮流巡视领地，巡视期间消费的食物和服务构成了地租的很大一部分，这些领主与附庸的封建义务中往往详细列明了在接待领主时附庸应提供多少猪羊鸡鸭和酒类水果，还有些地租是以让妻儿到领主家中做仆佣的方式支付，显然，这样的地租只能现场收取，就地消费。

以谷物收取的地租可兑换性相对较好，但前提是存在一个发达的谷物交易市场，而且最好是定额地租。若采用分成地租，地主至少需要在收获前后亲临现场，以便评估产量，监督收获与称量，否则很容易被代理人所蒙骗；明中期之后，由于白银大量流入，市场货币充足，加上漕运需求和江南与湖广的地区分工促成了一个繁荣的谷物市场，定额货币地租遂成为主流，许多江南乡居地主随之转为城居。

当人们越出熟人社会和本地互惠网，生活在更大型也更具流动性的社会，与陌生或远方的人做交易时，对货币的需求便产生了。因为离开互惠网和人情账，没有货币做中介的物物交换是很难进行的，只能作为主业的补充，而无法成为生计之依靠。所以，在社会走向复杂化的过程中，货币一次又一次独立发展出来，就像眼睛一次次独立进化出来一样。

物物交换之所以困难，是因为它需要交易双方按各自的价值排序，恰好都认为对方的待售物品比自己的更有价值，比如甲有一壶酒，并认为一只鹅比一壶酒更有价值，他必须碰到某个恰好拥有一只鹅并认为一壶酒比一只鹅更有价值的人，并且双方了解对方的意愿，交易才可能达成。

若要提高达成交易的机会，甲可以公布比上述更多的信息，比如：本人有一壶酒出售，可接受换取：一只鹅，或三只鸡，或10磅面粉，或120个鸡蛋……（这份清单所描绘的关系即为经济学家所称之等优曲线[1]），得到这一消息的其他人将其与自己的等优曲线比对，若匹配成功则发起交易。很明显，这一过程的信息交换成

---

[1] 准确地说，是描绘了若干等优曲线组成的等优地图在当前边际上的剖切线。

本和算法复杂度都非常高。

但是，假如存在这样一种物品，几乎每个人都对它有经常性的需求，而且其数量可任意分割，因而它会出现在每条可能的等优曲线中，这样一来，事情就简单多了，卖家只需标明待售物与这种物品的交换比率即可，而无须罗列一份长长的清单，尽管这么做理论上会错失一些交易机会，但重要的是，它让余下的机会在成本上变得可行了。

这种充当交易媒介，被用来为待售物标价的物品，被称为商品货币（commodity money）。经验表明，每当出现旺盛的交易需求而又缺乏可用货币的场合，人们总是能创造出此类商品货币：谷物、牛羊、奶酪、盐块、茶砖、胡椒、布匹、羊皮、鱼干、可可豆、箭镞、斧头、北美殖民地的烟草、监狱里的香烟，只是其中少数例子。

不过，商品货币未必是真正的货币，要从普通的交易媒介变成真正的货币，还需经历一次价值跃迁，即，促使人们接受这一媒介的动机，须从一阶价值跳升至二阶价值；所谓一阶价值，是指直接或原初的需要，假如卖方以此为理由接受一种媒介作为对价，那么即便此后他不再有机会用它换来其他物品，他也不会为当初那笔交易后悔。

比如以香烟为媒介进行交易的监狱囚徒们，若其对此媒介的接受仅仅基于一阶价值，那么，只有吸烟者才会参与其中，因为一旦交易停止，留在不吸烟者手里的香烟就失去了价值；但实际上，只要以香烟为媒介的交易流行足够长时间，不吸烟者也很快会接受其为对价物，因为他们相信，用它可以换来自己真正想要的东西。

正是"相信用它可以换来我想要的东西"这一集体信念，赋予了这些媒介以特殊地位，而人们以此信念为基础对它所做出的估价，被我称为二阶价值；这种集体信念会自我强化：越多人相信它，就会发生越多以之为媒介的交易，从而让更多人相信它，最终少数几种媒介脱颖而出，成为一个社会广为接受的货币。

一阶价值是货币形成的启动条件，就像发动机的点火器，一旦启动成功，就不再是必需的，监狱里的香烟即便发霉变质，仍可扮演货币角色；甚至可以设想，随着囚犯进进出出，吸烟的越来越少，最终所有囚犯都不吸烟，但香烟仍可能作为货币继续流通，此时香烟便脱离了与特定消费需求的关系，成为纯粹的货币；因为其产生过程是自发而非人工设计的，不妨称之为自然货币。

当然，香烟其实并不适合用作货币，只有像监狱（或战后经济崩溃期间的德国）这种极端环境中才会被选中。历史上，能够凝聚起上述集体信念因而成为货币的媒介物，通常具备这样一些特性：适度且较稳定的稀缺性、良好的识别度、稳定的化学性质、充分的可分割性（当不完全可分割时，应有较细的颗粒度），黄金和白银因其独特的比重、色泽、硬度，适当的丰度，超级稳定的化学性质，而成了最为流行的自然货币。

连续可分割性使得金银适合于任意比率和数额的交易，但也让计数变得麻烦，所以古代商人往往随身带着一部小秤，这对普通人就太麻烦了，在这一点上，贝壳、珍珠、箭镞之类的离散型货币反倒更方便；解决这问题的办法是铸币，将连续量格式化成离散量；历史上的铸币者大多是君主和国家，因为其庞大的采购量能够让官方铸币渗透到整个市场体系，从而让大众熟悉并接受它。

除了铸币，国家的财政和司法系统也在确立特定货币的市场地位上起着重要作用，它可以某种货币作为计量单位来规定税率，要求纳税人用这种货币缴纳，并用它来偿付各种开销；司法系统也可用这种货币单位来规定各种侵权赔偿标准，罚金数额，以及在所有涉及财产性责任的诉讼中据以量化责任。

国家在确立货币地位上的能力，使得它在一定限度内能够收取铸币税，由于铸币的便利性，并且大众对货币的接受度存在网络效应（越多人接受就越流行因而更多人接受），即便略微降低成色（令所含金属量低于面额），交易者仍会继续接受它，只要降低速度足够缓慢，国家便可持续获得铸币税，这实际上是官方铸币之市场地位的租金。

货币的普及和货币经济的繁荣，极大促进了商业、贸易和借贷活动，这些活动进而催生了许多货币衍生物，其中一些衍生物甚至取代自然货币而成为主要的交易媒介，最终发展为新型货币。

在条件多样的现实交易中，常常难以做到即时钱货两清，出于资金周转、现金安全和风险控制等方面的考虑，双方可能会选择现金之外的替代支付方式，比如延期支付、异地支付、委托第三方支付、附带条件的支付等；此时，为有据可凭，付款人会开具诸如欠条、未来支付承诺或指令第三方支付的凭证或票据。

设想一群季节性工人为某农场主摘棉花，每天收工后，工人按工作量收到一张欠条，上面承诺两个月后付款若干，因为只有到那时，雇主才有足够现金支付工资；假如这样的事情频繁发生且规模甚大，农场主们可能会设计一种标准的、格式化的，甚至固定面额的欠条，那就是所谓的本票。

拿到本票的工人可能急于将其换成现金，因为在这两个月里有许多急迫开销需要应付；假如那位农场主的信誉足够好，附近镇上的饭店、酒馆、商店老板们可能乐意接受以这些票据付账，当然要打些折扣以补偿风险；同时，假如镇上有一些手头有现金的投机者，愿意折价收购这些票据，那对工人就更方便了。

此类票据的采用，使得一些原本需要大笔现金的生意在没有足够现金的条件下也可以做了，因而同样数量的现金支撑了更多的生产与交易活动；但票据还可做得更多，假设那些为摘棉工提供服务而收到本票的商家中有一些恰好需要向农场主付款，比如兼营棉被制造的裁缝、分别向农场主采购大麦和生猪的酿酒商和肉铺、租用了农场主土地的旅馆，他们自然乐意用这些票据抵偿应付的货款和租金。

如此便形成了一些封闭的交易回路，在其中现金完全被票据所取代；当然，在一个大型复杂经济体中，找出这样由一种票据贯通的封闭回路并不容易（意味着回路上的全部交易者都接受它），但银行可以帮助克服这个障碍，假如一条回路上的交易者都委托同一家银行处理支付业务，银行便可将他们之间开的欠条相互抵销，假如多家银行合作建立一种清算机制，更可将众多交易链条拼接成封闭回路。

在创造货币替代品方面，银行所做的远不止于此，除了为交易者提供票据贴现、承兑、透支授信等替代流通手段之外，凭借其雄厚资本和良好信誉，他们也发行自己的票据，尤其是一种特殊的可转让的、匿名的、见票即付的、无期限的、零利率的本票，即钞票；人们之所以愿意持有零利率的钞票，是因为其便利性所免除的交易成本超出了与其风险相称的利息。

随着钞票在流通中逐渐取代其所承兑的自然货币，它本身变成了一种货币。在作为货币的地位足够巩固之后，甚至当它的兑现承诺因诸如战争等重大社会事件而被撤销时，仍可能被交易者广泛接受。正如美元在二战后的历史所展示的那样，因为此时它已经（和当初自然货币形成时一样）在公众心目中建立了"用它可以买到我需要的东西"的集体信念。

货币和货币经济深刻改变了社会结构及私人生活，最重要的是，它提供了一种将交易关系一笔结清的手段，从而将个人和资源从以往种种紧耦合关系中解脱出来，变成松耦合的市场关系：有了货币地租，封建关系就不再需要。要知道，在这种高度束缚性的关系中，为确保对方履行封建契约，领主和附庸都不得不干预对方的婚姻和财产继承。

有了学费明码标价的职业学校，年轻人无须再为学一门手艺而为师父做五年十年苦力、设法娶他女儿、在他生病时伺奉汤药、在他跟人打架时不得不冒死助阵；有了雇佣市场，大人物无须供养一批门客也能获得各种专业服务；有了旅馆饭店，旅行者无须准备厚厚一叠介绍信以便沿路投亲靠友也敢出远门了。

货币化也简化了个人的社会关系，只要有一份工作，便可用工资换来所需的一切，而不必像传统社会的人们那样办任何事情都需要找关系托人情，这些人情关系一旦建立就让人陷入千丝万缕、相互纠缠、难以摆脱的长期义务之中。

　　然而，也正是货币经济的松耦合特性，让它长期以来遭受诟病、痛恨和唾弃，人人都想得到金钱，同时却又深知它并非自己真正想要的东西，而只是换取其他东西的工具，正是一阶价值与二阶价值这一分离让人既爱又恨，以金钱为媒介的松耦合从人类互惠合作关系中剥离了人情和长期承诺。

　　但我们也要明白，金钱虽让一些关系变得冷漠，却也带给了我们自由，前者是我们为这一自由而必须付出的代价。况且，在摆脱了旧式关系之后，我们可以更加从容自主的建立其他关系，这些关系因更少利益牵扯而更加超脱和轻松，相比之下，将生活的所有方面都纠缠在一起的那种旧关系往往充斥着钩心斗角和相互算计，远非怀旧人士所描绘的那么美好。

　　而对于社会，松耦合的市场关系让资源能够快速灵活的转移到新的生产模式中，从而加速创新和优化资源配置，并使得越出熟人社会的大规模分工合作成为可能，而正是这一可能性，支撑着大型现代社会和高度繁荣的现代文明。

# 4 正义机器

　　社会规范的约束力来自它被执行的可能性，只有当破坏规则的行为以足够高的概率得到矫正和惩罚，在绝大多数情况下这么做的预期收益是负的，人们才会产生"最好别这么做"或"这不在考虑之列"的信念，只有这样的信念和它带给个体的好处持续得足够长久，它才会在鲍德温效应[1]的作用下内化为一种道德感[2]，只有当内化完成之后，人们才会在即便预期收益为负的情况下，仍然愿意遵循规范[3]。

　　最弱的执行机制是回避，把规范破坏者列入自己的

---

[1] 鲍德温效应（Baldwin effect）是指，生物为适应所在环境而后天习得的一种特性，若其所适应的环境条件足够稳定，因而该特性的优势足够持久，那么自然选择便倾向于使得该物种先天的（完全或部分）拥有该特性；不过，我在本书中以稍稍宽泛的方式使用这个概念，把"先天的"扩展为"先天的或个体发育成长早期便习得的"。

[2] 更准确地说，是将这一规则挂接在既已发育的一般道德感上。

[3] 也可以说，此时他们已为遵循规范本身赋予了价值，因而改变了成本收益公式。

社交黑名单；单纯的个人回避惩罚效果很小，除非你是特别高价值的合作伙伴，对方才会有所忌惮；而"每个交往对象最多吃一次亏"虽然也算一种自我保护，但在一个充斥着机会主义者的世界里，吃亏的概率仍然不小。

为尽量避免吃亏，人们相互交换信息以便预先拉黑某些人。当经由街谈巷议而形成的信息交换网络覆盖整个群体时，一次严重的规范破坏行动可能引起众人的自发集体回避，于是破坏者便陷于社会孤立。社会孤立的惩罚效果很强，但它只能在熟人社会起作用。

更直接的惩罚是报复，但报复作为一种执行机制存在两个问题：首先，它很难和无适当理由的攻击行动区分开来，对于引起报复的前因后果、责任归属、损害大小、报复的合理程度，双方和旁观者都会有不同看法，这些分歧使得报复和反报复一旦发动就很难停下来，变成无休止的血仇循环。

其次，许多侵害行为的受害者本人无从获知或缺乏报复能力，再或者，有些侵害（比如污染社区的公共水源、破坏与友邻部落的联盟关系、招惹危险的敌对部落、冒犯神灵的举动）没有明确的特定受害者，或受害者数量太多，损害摊到每个人头上太小，不足以激励他们实施代价高昂的报复，都等着搭便车，指望其他受害者采取行动，于是陷入公地悲剧；这几种情况，都需要群体中至少部分人有一些正义感，会对并非直接或单独针对自己的侵害行为产生利他性的惩罚冲动，才能让规范具有执行力。

这样的正义感不会凭空而来，对规范破坏者的惩罚意愿在被内化之前，需要为惩罚者带来足够的回报，他从规范的有效执行中获得的好处，必须足以补偿惩罚成本；幸好，社会的组织化过程中出现了一些满足这一条件的人物，他们从社会规范中看到了自己的利益，甚至认识到执行规范是谋求利益的最佳手段。

如我在之前的文章中所分析，那些希望约束族人行为以维护家族声誉的族长，控制一块领地、希望维持内部和平以获取稳定贡赋的武装组织首领，为众多追随效忠者提供安全庇护，希望约束追随者行为以控制庇护成本的大人物，都有着执行规范的动机，他们都有机会成为司法者的先驱。

权势人物凭借强制力建立的中心式司法系统，解决了两个自发的、无中心的执行机制始终未能解决的问题：它可以用强权压服纠纷，双方停止冲突，迫使他们进入司法程序，而一旦得出裁决结果，可以确保它得到执行。

但无论何种系统，都仍然面临着两个根本问题：如何判定被告是否真的破坏了规范，以及如何让当事双方和旁观者相信裁决是公正的；假如裁决不能令人信服，就无法引导人们按规范行事，并在发生纠纷时寻求司法解决，也无助于与规范有关的道德感与正义感的发展。

正是在试图解决这些问题的努力中，司法者走上了两条截然不同的道路。有些司法者对自己的能力和权威有着十足的信心，相信自己完全有资格阐明规范究竟是什么，甚至有资格从无到有地制订规范，也相信自己有足够的理性能力来辨明原委、分清责任。司法程序的唯一功能是帮助他从当事人和证人那里获取信息以查明事实。

问题是，真相原委和是非曲直远非那么容易查明，司法者和所有凡人一样有着自己的特有偏见、偏心、知识匮乏和认知局限，现实充满迷雾，对立主张往往听起来都有几分道理，强权为他搜寻证据和传唤证人提供了便利，但也强化了他自以为是、独断专行和无视他人见解的倾向。他作为司法者的优势主要来自其不受挑战的强权，让他能轻易压服当事双方，让人们相信他无论如何都会得出一个裁决，并确保它得到执行；这样，纠纷与世仇便可了断，冲突不再蔓延。

但有些司法者没有这么强的强权，他可能只是所在社会诸多强人中最强的一位，在赢得其他强人中的多数支持时，他能维持首领地位，但远不足以凭一己之力压服他们，他的权威很大程度依赖于其他强人相信他在分配利益和裁断纠纷时是公正的，为此他必须设法消除人们对他的无知、偏见和私心的疑虑。

处于这样地位的司法者，会努力避免人们将裁决归于他本人的意志，而倾向于寻找或构造一种明显不能被人操纵的机制，让它自动得出能够服众的结论。幸好，只要有意愿，人类在设计此类机制上并不十分无能，在二人分配问题上，早就有了"你分我挑"的机制，以及扩展到多人分配问题的"负责分割者最后挑"。对不可分割物品的分配，猜拳、掷骰子、抛硬币都很容易被想到，为让人相信结果不会被操纵，设赌局或发彩票者在寻找伪随机数发生器上极具想象力，比如清代的闱姓赌博，赌的是科举中榜者的姓氏。

在处理纠纷方面，也不乏类似的机制，比如由司法者主持一场公开对质，确保双方有对等机会陈述（各自认为的）事实，呈现证据，对对方的陈述和举证进行质疑，对质疑做出回答；和以流言蜚语为基础的社会孤立相比，这是极大的改进，流言的听众听到的往往是一面之词，当事人没有机会做出辩解，信息会随传播而失真，传播者会出于恩怨或私利而故意夸大扭曲，信息最初来自何人、转手了几次，皆无从知晓。

相比之下，有众多围观者的公开场合，说话者会谨慎得多，歪曲捏造很可能被更直接因而更可信的知情者当众戳穿，从而损害他的声誉，相互质证过程也会将所有证言追溯到可能的最早源头。对立的证据、对事情原委的对立陈述、对因果关系的对立解释、对规则适用性的对立分析，都将有机会得到呈现、表达和倾听。公开对质程序若与宗教仪式结合起来，效果会更好，对神灵的敬畏将让指控、辩解和作证者在撒谎和伪誓时承受更大的心理负担。

在声誉极为重要的传统社会，那些一方有着压倒性证据的案件，仅仅公开对质往往就足以让它了结，因为不利一方若面对明显难以否认的证据仍继续狡辩，会在围观者眼中丧失信誉；如果双方证据都不具压倒性，司法者可以让他们各自去说服社区成员公开表态支持其主张，以此展示谁的主张更能服众，共誓涤罪程序便有这样的功能。

如果案由的性质使得他人不便或无法表态（比如涉及性关系等非常私密的活动），还可以给当事人一次以感动神灵令其显示神迹的方式来说服众人的机会，也就是付诸神裁。如果穷尽这些手段后双方在服众表现上仍不相上下，就只能安排一次决斗，让双方当众来了断。最后这种无奈选择尽管无助于辨明是非，但总比让双方继续冤冤相报，将更多人卷入世仇之中要好得多，它在一个受规则约束、机会均等、不受操纵的程序中得出了众所周知的结果，从而免除了当事人的亲友继续在世仇中提供援助的义务。

那些缺乏说一不二强权，因而走上第二条道路的司法者，总是倾向于避免在法律规则的阐明、事实认定、证据效力、责任归属等实体性问题上表达自己的意见，以消除众人（特别是那些有潜力挑战其权威的贵族）对其专断和偏私的疑虑，因而不得不努力将重点转向程序性问题，希望恰当设计的程序自己在实体性问题上得出结论。

程序设计的巅峰之作是陪审团，陪审团制度的有效性基于这样几个假定[1]：首先，心智健全的普通人通常都很清楚法律究竟规定了什么，即何种行为是不正当的，哪些事不许做或必须做，权利边界按何种原则划定；至少对于规范日常生活的法律，这是显而易见的，如果普通人无法凭借基本的正义感和生活常识，以及随成长过程而了解的习俗，从诸如黄金法则之类的一般原则，即可推断何为正当，法律怎么可能被遵守呢？难道一举一动之前都要先翻阅法律全书不成？

其次，随机抽取的一组人能够代表社会的一般常识、正义感和判断力，因而一个主张或裁决若要服众，就应该能够说服陪审团，反之，若能说服陪审团，也就有很大的机会能够服众；第三，陪审员的偏见将被人数中和，而信息缺乏和理性能力不足则可以由对抗性的质证程序所弥补，因为当事双方都有足够的动机争相为他们提供信息、援引先例、讲解专业知识、分析各种替代解释，并且为每个陈述提出可能的质疑。

---

[1] 和所有文化进化一样，设计者和实践者不必意识到这些原理。

实际上，对抗性庭审强迫陪审团进行批判性思考，其强度比科学社区的论文发表机制所施加的高得多，科学期刊的编辑和匿名评审者毕竟不会拧住论文作者的耳朵让他仔细倾听对立观点和它们的支持论据，以及他人对其观点的逐条质疑和反驳；相反，纠问式庭审则是沿着法官个人的思路一步步榨取信息，除了法官自己的反思和顿悟之外，没有系统性手段来纠正其偏见和先入为主的直觉。

由代表一般正义感和常识理性的陪审团、对抗性庭审、交叉质证、维持法庭秩序并执行庭审规则的法官所组成的普通法司法程序，是人类自文字起源以来最伟大的发明，它就像一部脱离了司法者权威和意志而自主运行的正义机器，不仅（在短期）能在一个个特定案件中输出比所有曾经出现过的其他司法程序更公正也更能服众的裁决，而且（在长期）能不断创造出新的法律规则。

这部机器完美结合了法律所需要的保守性和灵活性，一方面，因为陪审团由没有法律专业背景和社会政治背景的普通人组成，对各种旨在以激烈方式改变社会的乌托邦理想和革命热情有着更好的免疫力，他们对法律的理解来自自身基本的道德感，从生活经验中得到的常识和成长过程中了解的习俗，而这些东西有着天然的保守性。

相比之下，专业法律人（律师、法官、法学教授）——特别是其中的司法能动主义（judicial activism）

者——中，有许多最初就是抱着推动社会变革的理想而投身这一事业的，而那些绕开司法系统而改变法律的途径——比如立法机构、专制君主的朝堂、革命、全民公决——则对革命家和社会活动家更具吸引力。

理论家常喜欢从少数简单明了的概念定义和抽象原则出发，演绎推导出一个漂亮宏大的规则体系，革命者和活动家也往往被脱离现实的单一抽象理念所驱动，其中很多都是无须为挣钱过日子发愁的富家子弟，因而较少受常识和传统的羁绊。从这一点上看，由普通人组成的陪审团恰好是阻止或延缓革命的刹车片。

另一方面，也因为陪审团没有专业背景，而且无须为其裁决做出任何解释，因而较少受行业积习和成文条规的约束，更不会染上考据癖，成为文本迷。专业法律人之所以容易陷入僵化教条，是因为他们在这些教条上投入了太多热情和血汗，积累了太多特化资产，他们的声誉、成就感和职业前途，皆被绑在了故纸堆上，因而必须努力维护它，而陪审团则没有这样的包袱。

这并不是说法律界的专业知识和陈规积习不重要或没价值，相反，传统的延续性和规则的稳定性是法律的核心要义，而是说，传统不应被僵化为拒绝任何反思的教条。实际上，除了陪审团自动拥有的对传统的常识理解之外，更古老悠远的传统，对传统更专业更深刻的理解，对先例的援引和分析，都有充分的机会在庭审辩论和法官指示中得到表达。同时，由于庭审程序完全在法官控制之下，因而比实体规则更具保守性（实际上，程序法可以视为专业法律人之间形成的一种行业习俗）。

重要的是，习俗和惯例的每一次具体适用，都将重新经受陪审团基于常识理性的批判性审视，随文化与社会结构变迁而涌出的新观念、新习俗的涓涓细流，将由陪审团和辩论者，经由一次次分散发生的、具体而微的庭审，持续而缓慢地注入法律系统之中，从而让传统始终处于鲜活状态，而只有活的传统才能被保守。

程序上的极度保守和实体性问题上的灵活性，两者的绝妙组合，让这部司法机器对不同的文化和习俗有着极好的适应性，包括纵向的，对习俗随时间推移而演变的适应，以及横向的，对不同社会间习俗差异的适应。

这一点对照成文法的产生机制就看得更清楚，即便我们假定立法者是一个十分开明的政府，有着完善的代议制度，每次立法都经过漫长的听证和专家论证，利益相关者也有充分机会表达意见，但无论如何，最终只能有一套单一规则，一旦生效就整齐划一的通行全境，每一部成文法的生效对利益相关者都是一次大地震，而假如实施的效果无法接受，也只能通过另一次大地震来纠正。

相比之下，普通法的改变则是零星分散、缓慢且异步的，单次裁决中出现的新规则是否得以广泛而持久的确立，将取决于所有参与方的后续反应；如果它明显荒唐，就会被上诉法院推翻；如果事后表现出很坏的效果，就不会在其他案件的庭审中被援引为先例，也不会被法学教授在课堂上讲解，被写进教科书；如果一位法官总是做出此类裁决，他就会在同行中声誉扫地，上诉法院推翻其裁决时也更少顾虑……零星、分散、渐进的演化方式，使得普通法的实体部分仍有着无中心法律系统的自发性，尽管其司法程序由中心化的国家权力所支持。

普通法系统的这一性质，解耦了司法程序与实体规则之间的关系，因而也解耦了它和特定社会文化特性之间的关系，让它能够从起源地出发，不断向新领地扩展，将当地社会规范纳入其中。当英国殖民者向外拓展，所到之处都建立起普通法司法程序，特别是陪审制度和对抗性庭审，同时又从当地习俗、惯例和既有法律中吸收实体性规则。

比如在魁北克和路易斯安那易手之后，虽然司法程序换成了英国的，但大陆民法的实体部分很大程度上得到了保留；在香港，《大清律例》中的许多规则被普通法程序所采纳，甚至在清王朝灭亡后的六十年中仍在被援引和适用，考虑到清帝国法治程度之低，香港或许是这些规则得到最严肃对待和最忠实执行的地方。

# 5 共同体的松动

　　现代美国的文化多样性令人眼花缭乱，近 40 个百万以上人口的民族，34 种拥有十万以上母语人口的语言，217 个基督教大宗派，内部又四分五裂为三万多个小教派。占人口多数、在人口统计学上常被笼统归为"白人"的群体，地区差异也非常大，从新英格兰清教徒后裔到犹他摩门教徒，从大草原牧民到南方红脖，从阿巴拉契亚山民到巴尔的摩黑人社区，从旧金山嬉皮士到宾夕法尼亚阿米绪人，文化隔膜程度不亚于民族之间。

　　常有人将美国这个移民国家称为文化熔炉，其实这只说出了事情的一面，确实存在一个文化融合的趋势，特别是在纽约、旧金山等海岸大都市中；但与此同时，在远离都市流行文化、较少受媒体关注的辽阔腹地，也存在着一个文化分异的趋势；当摩门教徒和清教徒的祖先到达北美时，无论血统还是文化上都高度同质，阿巴拉契亚山民和其他苏格兰—爱尔兰裔，阿米绪人和其他高地德裔也同样如此，而如今他们却已如此不同。

　　那么，生活方式、价值观、信仰甚至道德感如此不同的众多群体，如何能够和平地生活在同一个社会，甚至结成了一个空前强大的共同体？

　　在最初的共同体——部落——中，人们必须在许多方面保持高度一致才能继续生活在一起，相同的生计模式和食物构成，相同的语言和口音，相同的发式、文身和服饰，共同的祖先崇拜和神灵信仰，共同的敌人和协调一致的战争行动，共同的背景知识和社会规范……然而随着共同体逐渐发育壮大，对同质性的要求似乎在不断降低，在此过程中，必定有某些原本由同质性所确保的条件转而由其他元素所支持。

　　推动这一转变的主角是国家，国家先是依靠其强制力在语言、文字、交通、通信、仪式、宗教、教育、司法、治安、历法、计量标准、经典编撰等方面创造了一系列基础设施，来取代维系共同体的传统元素，并极大拓展了共同体边界。这一发展在近代民族国家兴起浪潮中达到高峰，民族国家集所有共同体维系纽带于一身，直到另一股力量将两者关系再度拉松。

　　语言的分异速度限制了部落规模，通用语可以突破这一限制，条件是人们不再将口音（连同文身服饰等其他群体符号）作为区分敌我的重要线索，因为通用语通常不是母语，可用于交流但不足以消除语言和口音差异。通用语可以由同源商人群体的客居散布、杂居社会的克里奥尔化过程、宗教经文和文学戏剧等书面作品的传播、知识分子的流动、精英文化自上而下的渗透等自发机制产生。

然而国家自其诞生之日起，便取代其他机制而成为通用语的最有力推动者，阿卡德语、阿拉米语、希腊语、拉丁语、汉语、波斯语、阿拉伯语、西班牙语……每个大语种背后都有一个或几个辉煌帝国的身影；赞助文学家、官修历史、编撰官方词典与教科书、科举制度、通过公立教育强行消灭地方语，国家对语言的干预随其权力增长而日益深入。

16世纪佛罗伦萨公爵兼托斯卡纳大公科西莫一世建立了"糠麸学会"（Accademia della Crusca），为托斯卡纳语筛糠去芜，最终将其塑造成了标准意大利语，这一行动为欧洲各国统一和纯化民族语言开了先河。黎塞留政府首先效仿，建立了法兰西学院以规范和纯洁法语；格林兄弟编撰德语词典的工作也很早便得到普鲁士政府的支持，后来俾斯麦让北德邦联议会为其拨款，最后，编撰工作由普鲁士科学院（即后来的德意志科学院）完全接管。

国家对交通和通信系统的兴趣更为浓厚，因为这是其权力的重要来源。所有古代帝国无一例外地大修道路，轮子和车辆的出现对道路有了更多需求，不像步行道——比如从田纳西中部通往密西西比河的著名的纳切兹小径

（Natchez Trace）——可以靠行人踩出来且越踩越好，车路（尤其是承受重型车辆的车路）需要人工铺设和持续保养，在缺乏低成本道路封闭手段、交通流量又很低的古代，唯有国家既有动机又有财力去修建。

编制历法的工作几乎从国家诞生之日起便已开始。有人认为编修历法是为了方便农耕者安排农事，这是可疑的，或者只是副产品，许多没有历法的前国家社会依靠对天气和物象的观察也能很好地安排农事；实际上，历法（和其他计时系统）最直接的用途是远程协调行动，当通信速度跟不上行动节奏时，事先约定行动时间表的定时同步模式是最显易的替代，前提是有一套共同的历法。

历法让国家能在大范围内制订计划、部署战争、调度人力、调配资源、编制预算、安排会议，如此才可能组织一支庞大军队和大型行政系统来统治广阔疆域；但作为副产品，它也方便了私人活动的远程协调，包括时间相关的社会规范与习俗，节庆、集会和宗教仪式的举行，定期集市的错开与轮转，长途旅行和远程贸易的安排，委托人与代理人之间的协调，长链条迂回生产的组织，等等。

历法修编依赖于对天体运行规律的观察，而后者往往与对宇宙运行背后神秘力量的信仰联系在一起，所以掌握这些规律有助于国家树立其宗教权威。对星相变化的准确描述，特别是对日月食的成功预测，会给当权者带来极高声望，在有些文明中，历法是国家权力合法性的重要象征。

度量衡等计量系统，姓名、地名等编码系统，起初都是经由协调博弈自发演化而来，这一点从它们的繁杂和不规整上即可看出。不同地区、不同行业、不同用途，往往有着不同计量单位，体现着不同的进化路径，常衡、金衡、药衡，裁缝尺、营造尺、量地尺，克拉，蒲式耳，桶，海里……只是其中少数例子。

出于征税、征兵、财政管理、后勤补给、人口控制等方面的需要，国家很快介入了计量与编码系统的演变，努力在其领地内推行统一系统，并对换算关系进行规整化，以降低政府的会计和管理成本。

理想情况下，这些努力也会大幅降低市场的交易成本和私人企业的组织成本，但一个高度压制性的政府也可能因其独断专行或隐秘动机而扰乱自发形成的计量系统。比如征收实物税的量具常有逐渐变大的倾向，从19.1厘米的周尺，到23.1厘米的汉尺，再到35.5厘米的清尺，汉斗2公升，清斗50公升，汉斤248克，清库平斤596.8克。

国家介入宗教的理由则要复杂得多；资助或主持祭拜仪式可提高掌权者的声望；操纵巫术和占卜活动可将信众的信念和行动引向对自己有利的方向；将巫祝祭司

纳入官府可防止其危及国家权力，因为信仰带来的动员
能力意味着不受政权控制的独立宗教机构，将是巨大威
胁；官修经文和国家供养的经学者既可维持一群重要效
忠者，也可将经文内容改造得对政权更有利。

当部落结成更大共同体时，往往将他们各自的神灵
以某种虚构关系编入单一谱系，以便协调信仰并最终融
合为共同信仰；随着共同体扩张，越来越多神灵被纳入
诸神谱系，对于掌握着仪式执行和经文编撰权威的政权，
接纳或拒绝某位神灵，摆弄各神灵之间的关系，是一种
处理共同体内外关系的政治手段，被征服、被奴役部族
的神祇可能被消灭或置于神谱中十分低下的位置，被兼
并部族的神祇被抬进万神庙得到祀奉但处于附属地位，
敌对部族的神灵则可能被列为凶神或恶神；帝王们都热
衷于将自己的家系与神谱连接起来，法老们、亚历山大、
恺撒、奥古斯都、天皇、印加，甚至都将自己尊为活着
的神。

国家化的统一宗教既可强化内部认同，又可激发对
（信奉不同神灵的）外族的敌意。似乎注定要征服整个
已知世界的罗马将越来越多的神祇塞进万神庙（同时却
禁绝了德鲁伊，很可能是因为德鲁伊祭司和他们的口述
传统很难被官方控制），中国朝廷则为民间神祇封侯拜
爵，纳入帝国的等级体系。

连法国大革命中最激进的、志在消灭一切旧信仰的

雅各宾派，也很快发现国家宗教对权力的妙处，他们先是以狂热无神论者姿态积极消灭天主教，宣扬理性崇拜（Cult of Reason），继而又发明了一套至上崇拜（Cult of the Supreme Being），并将其树为国教。

国家也有许多动机提供治安服务：恶劣的安全条件会降低人们创造和积累财富的激励，迫使他们将更多资源投入防卫，这些都会削弱税收来源。失去安全感的人可能寻求其他强权者的庇护，他们支付的保护费和效忠服务是在供养国家权力的竞争者。如果他们选择加强自卫，那么，首先，他们对国家的依赖就会减弱；其次，他们的防卫能力同样可以用来抵御国家权力。

所以国家总是倾向于垄断治安服务，并尽量削弱私人防卫能力。这么做在短期可以强化国家权力，也降低了整个社会的安全成本，但在长期，这也会削弱共同体的战争能力，当民众和地方社区不被允许持有武器、组织民兵、并承担日常防卫责任时，便逐渐丧失了亲手捍卫自身权利的习惯和能力，面临侵犯时一味等待国家保护。

从失去了尚武精神和战士禀赋的国民中，是很难招募到一支优秀军队的，这问题在广阔疆域的腹地更为显著，大型帝国往往只能在边民中招募士兵，或雇佣外部武装，但这些武装的忠诚度很成问题，这是一些古代帝国始终未能治愈的顽疾，也是造成王朝被周期性颠覆的动力之一。更一般而言，文明世界尽管创造了空前的物质成就，在多数历史时段却并未能在军事上取得对蛮族的持久可靠优势。

司法系统并非只有国家才能建立，因为它并不一定需要国家那样的垄断性或压倒性暴力才能起作用，它可以和当代的商业仲裁机构一样，只做裁决，不管执行。实际上，许多部落习惯法的实践正是如此，一项裁决只是为当事人（或其保护人）的自我执法行动赋予了合法性，效果类似于安理会决议，而审判前后追捕逃犯的任务，也可以由法官授权赏金猎人之类的第三方完成。

然而，如同在治安问题上一样，国家总是倾向于削弱私人的自我执法能力，而希望他们更多依赖国家保护，当国家开始扮演司法者角色时，它常常将司法过程的各种角色集于一身：嫌犯拘捕者、证人传唤者、证据收集者、当庭盘问者、证据权衡与事实认定者、裁决者、执法者，甚至起诉人。

如上所述，随着国家出现和壮大，维系共同体的种种纽带，无论是技术性的还是制度性的，都逐渐被它控制接管，或者由它所创造；这样一来，共同体的规模、边界和命运便和国家权力的规模、边界和命运紧紧绑在了一起。

这一绑定对共同体的文化同质性提出了很高要求，尽管和部落相比，由于安全感的提升，在有关身份标识和敌我之辨的事情上，个人之间不再需要表现得那么相似，但在语言、文字、宗教信仰、历史认知、伦理规范和法律制度等方面，同质化要求仍然很高。

更重要的差别是，部落的同质性是由相同的生态位和生计模式、很近的亲缘关系、长期共同生活的经历自动保证，而国家（尤其是大型帝国）的同质性则由强权所保障，国家权力就像一部文化推土机，推平了地区间和族群间的文化差异，强力压制了地方文化的自主发展，国家权力越强大，压制越彻底，国家存续越长久，文化变得越单一。

这种情况对文化进化构成了障碍；由于诸多文化元素的兴衰存灭与共同体命运绑在一起，因而后者便成了自然选择的直接作用对象，就像生物有机体，而进化要得以发生，需要足够多的有机体数量，才能让新出现的有益元素被固化下来，从而让系统具有可积累性，也才能在维持足够低变异率的同时持续获得足够多数量的变异以供选择。

古代国家的人口规模比部落大两到四个数量级，因而同等人口下国家数量远少于部落数量，虽然国家创造的和平条件推动了人口增长，但国家规模膨胀得更快，因而自文明诞生以来，共同体数量呈持续减少趋势；数量限制使得国家不可能像部落那样大量裂变增殖，大规模并行探索各种可能性，然后经受自然选择的淘筛。

当然，这一类比有着相当的误导性，共同体并非文化元素的唯一载具，有大量文化元素可在共同体之间横向传播，或由家族、师徒关系、职业群体、宗教团体等载具所传承，因而不会与共同体共兴衰同存亡。当优势共同体征服、吞并或排挤弱势共同体时，也会继承吸纳后者的文化元素。若非这些非绑定元素的广泛存在，我们不会看到国家起源之后的文明巨大进步。

然而，就这里所关注的绑定元素而言，有机体类比仍可帮助我们理解文化进化的一个侧面。当希腊城邦衰微时，战国诸雄被消灭时，玛雅城邦毁灭时，罗马帝国和华夏帝国崩溃时，大批曾经生机勃勃的文化有机体，连同它们承载积累的文化元素，全都随风消逝了；而同时，由数量限制所造成的进化障碍，使得众多传统断裂所留下的空白并未迅速得到填补，文明的幼苗在一轮轮风暴中被反复摧毁。

幸好，有一些共同体走上了另一个方向，在那里，国家同样创造了和平与秩序，但与此同时，国家介入私人生活、压制个人权利和地方自主性的能力始终受到其他力量的遏制，因而未能如其所愿地深入干预乃至全面掌控维系共同体的全部纽带，构成这些纽带的文化和制度元素仍可自主存续并独立进化，而并未与国家彻底绑定。

以弱绑定为特征的宪政共同体起源于英格兰，并在不同程度上被后来的其他英语国家所继承和被更多国家效仿。在我们之前所提及的几乎所有共同体纽带中，都可清楚地看到源自英格兰的弱绑定传统。自 19 世纪以来，当这一传统在起源地日渐衰微，美国继而成为该传统的最佳实践者。

英美政府从未像托斯卡纳大公和法兰西国王那样试图对本国语言进行规范和纯化，约翰逊和韦伯斯特的词典编纂都是私人活动，牛津词典也没有官方参与。虽然伊丽莎白一世曾赞助并影响莎士比亚的创作，但远远没发展到动手编修官史的程度。近代公立教育的推行让政府之手在教育业伸得更远，但在英美，公立学校主要由地方兴办，教科书的编写和挑选仍是私人或各学区的自主事务。

古代帝国的道路系统通常由政府直接征用劳力和资源修建，罗马道路更由各军团的工程兵亲手施工，英王政府虽然也努力推动道路建设，但极少直接插手。1555年的公路法要求各教区自行维护道路，由教区居民每户每年出四个劳动日完成。到 17 世纪，国会开始授权一些道路维护者设卡收费，继而出现了专门运营收费公路的信托和股份公司，从而开启了依靠市场机制提供公共交通服务的历史。

这一市场化模式在此后的运河热潮中大放异彩，也在铁路时代得以延续，良好的道路系统也催生了同样是由私人经营的公共马车服务。这方面唯一的例外是皇家邮政，它由王权直接创建，并拥有垄断权，不过在电报电话出现之后，市场机制又重新主导了通信业。

恺撒治下修编的《儒略历》借罗马的权力与声威推行于整个欧洲。进入中世纪，作为新的知识与学术权威，教会推动了主要的历法改进，包括戴克里先纪年和耶稣纪年（以取代纷乱断续而难以计算的在位君王纪年法），还有沿用至今的《格里高利历》。

英王政府在历法上所做的只是：在 1582 年之后拒绝接受《格里高利历》（因为此前英格兰已脱离罗马教会），然后在 1750 年又决定转换至《格里高利历》（主要原因是与苏格兰合并后带来的日期混乱）；它更积极介入的是更精细的日内计时，1675 年查尔斯二世下令建立了格林尼治天文台，1714 年国会建立经度委员会，其工作最终确定了本初子午线和格林尼治标准时间，但目的是为帮助海军舰船在航行时计算经度，而不是要统一全国计时系统。

从英制单位的芜杂和不规整一眼便可看出其自发性渊源，虽然政府近千年来一直在尝试加以规范，发布过上百条法令，但主要是在明确各单位与基准量（由标准量具确定）之间的换算关系，而从未试图用一个井然规整的全新系统取代它。英制系统最显著的特点便是其惊人的延续性；实际上，保持量具（特别是称量谷物的容积量具）标准的恒定不变被贵族们视为一项古老神圣的权利，被写进了亨利三世的 1225 年版《大宪章》。

历代国王也以标准量具的古老性来支持其权威性，征服者威廉将 10 世纪埃德加国王制作的一套标准量具从温彻斯特带到了伦敦，成为此后"温彻斯特标准"的原型。亨利七世依此标准于 1497 年制作的一套青铜量具保存至今，伊丽莎白一世于 1588 年将 12 世纪由亨利一世制作的和 14 世纪爱德华三世制作的量具盖上自己的玉玺后放在财政部库房里，成为此后"财政部标准"的原型。

同样的延续性也存在于美国，美国建国之初正逢法国革命政府大力推行米制（讽刺的是，最初提出米制构想的是英国人约翰·威尔金斯），虽然宪法授权国会规范计量系统，而且杰斐逊和昆西·亚当斯先后建议国会采用米制或类似的十进制系统，但国会和各州始终无动于衷，此后推动米制的努力并未停歇，包括 1866 年和 1876 年的法案，以及 1901 年国家标准局的成立，但米制迄今仍只是一种推荐标准。

在欧洲，宗教与国家的弱绑定得益于教会权威与王权的长期分立，主教和修道院因领有土地而在世俗事务上对君主承担封建义务，同时在宗教事务上效忠教廷，这一平行效忠体系成为宪政制衡的一大支柱。尽管国王们不断试图控制本国教会，特别是在圣职任免和婚姻事务上，而教廷也始终怀抱建立神权帝国的梦想，但这场漫长拉锯战中，谁也没有彻底战胜对手。

亨利八世的脱离运动看似将成为例外，但他借以对抗教廷的新教势力并非他所能控制，而国内天主教徒也并未被完全压服，玛丽的反潮、斯图亚特朝的入继，以及新教运动释放出的巨大离心力，让局面变得更加纠缠，国教从未取得垄断地位，在经历数十年的内战、弑君、革命、复辟、再革命的拉锯战之后，谁也没压倒谁，最终以 1689 年的宽容法案告终，此后两个多世纪中的一连串宽容法案逐步解除了国家对宗教信仰的限制。

衡量国家对个人自卫权利压制程度的两个最佳指标是持枪权和无须退让原则（stand your ground），私人领地的神圣性渗透于英国贵族的血液，"一个英国人的家就是他的城堡"这句名言即源自爱德华·科克对 1604 年塞梅恩案的判词，1689 年的《权利法案》承认了平民持枪和自我武装的权利，同时期以窗户税取代炉灶税的政策，也是出于对私宅不可侵犯原则的强调。尽管英国人的持枪权自进步时代以来已逐渐衰亡，但无须退让原则（或其较弱版本"城堡原则"[1]）仍然为英语国家的人民提供了全世界最充分的自卫权利。

英国人的这两项传统在美国得到了最充分的发展，

---

[1] 城堡原则（castle doctrine）是适用于家宅的无须退让原则，后来也延伸适用于车辆，而最充分的无须退让原则适用于任何自卫者合法身处的地方，包括公共场所。

这得益于殖民时代国家权力的延伸远远跟不上殖民者的扩张步伐，人们有机会也不得不自我武装以捍卫自己的权利。当这两项权利在西方不断受进步主义侵蚀之际，它们在美国却仍牢牢确立着，各州唯一放弃城堡原则的是佛蒙特，而它恰好是一个很不美国的州，它曾经是个独立共和国，近些年几乎在所有进步主义议题上都走在前面。

宪政法治保障下的自由，解耦了共同体和国家之间的关系，国家不再集所有共同体维系纽带于一身，共同体边界不再与主权国家的边界保持一致，而变得更交错重叠、富有层次。从高度同质的地方社区，到安全条约保障下极为多元的西方世界；从越来越不虚拟的网络社区，到五花八门的亚文化群体，不同程度的认同形成不同结构层次上的共同体，不同方面的认同形成文化维度上的共同体。

今天，语言经由大众传媒而迅速演变和协同，影视明星、电视主持人、作家和网红在充当着中心节点，远非国家所能掌控。私人公司在运营着公路、铁路、航运和航空，电信公司分配着电话区号，各种工程师协会和行业组织制订着计量、技术、接口和编码标准，默默无名的志愿编辑们撰写着维基词条，保安公司、邻里守望组织和地方警察维持着治安，哲学家、布道者、教派领袖、灵性大师和电视推销员在各自吸引着信徒……

　　然而，不应忘记但实际上往往被忘记的是，尽管维持共同体的许多基础设施和联系纽带已不再需要国家提供，但所有这些条件仍然需要安放在一个坚实的制度基础之上，而这个基础不是自动成立的，它需要共同体成员对个人自由的共同珍爱、对权利和法律的共同尊重、对国家权力的共同警惕。换句话说，这个容纳其他小共同体的自由大共同体，虽然不再像部落那样要求其成员那么相似，却并非没有要求，相反，它所要求的道德感、正义感、责任感、独立性，虽然罗列起来只有寥寥数条，却并非轻易便可满足。

## 6 个体的回归

　　黑猩猩是彻头彻尾的个人主义者，虽然他们也是社会性的群居动物，但群体对个体行动没有多少约束力，除了母亲对孩子的照顾，它们从不对其他个体承担义务，合作与服从关系都是高度机会主义的，完全基于即时功利算计，没有强利他行为，没有长期伙伴关系，没有基于正义感的规范执行，只有一对一的报复。

　　很多群居或成群出没的动物其实都没有多少社会性，看似协调一致的集体行动只不过是简单自利行为的集合效果，比如鱼群、鸟群或牛群的有序运动中，个体只需遵循几条规则——1.尽量靠近行进中的其他同类（这样至少从它们那个方向过来的捕食者会优先挑中它们）；2.如果已经有一集群，尽量往集群中央靠（被一群替罪羊围着最安全）；3.和身边其他个体保持适当距离以免撞上；4.跟随前方个体的运动方向——蔚为壮观的群舞便自发产生了，没有领导与服从，没有合作，更没有集体目标，只有自利。

人类却是货真价实的社会性动物，而且在社会性的进化道路上已走得很远，我们有两性分工、双亲合作抚养孩子、亲属相互照顾孩子、兄弟姐妹亲情、多代同堂的家族组织、姻亲关系、家长权威、近亲间的互助和复仇义务、食物分享习惯、层级化的政治结构、权力等级、政治与道德共同体、职业分工，还有弟弟们留在家里帮助哥哥的所谓一妻多夫制家庭，以及类似于蚂蚁饲养蚜虫的奴役制度，甚至通过阉割将一些个体变成职虫的阉奴制度，再多跨出几步，我们就符合威尔逊为判别真社会性（eusociality）所设定的全部标准了。

幸好，这几步还没有跨出。

从基于自利的合作互惠关系到要求个人服从集体决定，为集体而牺牲自我利益的集体主义，经历了漫长的进化过程。最初的互惠关系只存在于两两之间，灵长类学家在贡贝保护区记录了一次黑猩猩的食物分享事件：雄一号麦克抓到一只20公斤的羱猴，在接下去的9个小时里，在场的17只黑猩猩轮番向他乞讨，在总共40次乞求中，麦克给出了大小不同的19块肉，其中较大块的又成为下一轮乞讨和分赠的目标，乞求是否成功完全取决于双方关系，其间伴随着不少威胁和争抢，最终有13只黑猩猩分到了肉。[1]

---

[1] 马丁·琼斯在《宴飨的故事》第二章里详细介绍了这次肉食分享事件。

人类的食物分享方式则完全不同，无论由猎获者本人还是由群体内权威人物实施，猎获物的分享都遵循着特定的规范，分享活动被视为一种集体安排而非基于两两关系或一时算计。除了食物分享，人类的狩猎、战争、迁移、聚宴、节庆、舞蹈、丰产巫术、神灵祭祀，都是有组织的集体事务，几乎充斥生活的所有方面。

人类的集体性可能源自狩猎大型动物的需要，大型猎物既要求在狩猎时更紧密、更大规模的合作，也让分享肉食成为更有效率的安排。对于黑猩猩，髯猴已经是非常大的猎物了，但人类走出森林来到草原之后，面对的是比自己体型大许多倍的猎物，往往一头可提供数百公斤肉食，猛犸象更可一次提供数吨肉食。与同以这些猎物为食的食肉动物相比，人类猎手在生理上几乎没有优势（唯一例外是长跑能力），狩猎能力更多依靠团队合作，长途追逐、围捕、设陷围堵、向绝境驱赶等常用方法，都需要团队合作。

团队狩猎需要高度的协调和纪律，并且压制（无论是自我克制还是权威压制）团队成员的私心，如果像黑猩猩抓捕猴子那样，奉行"谁得手就归谁的"的游戏规则，精心策划的计谋和圈套便无法实施，虽然一群黑猩猩各自把守一棵树枝的行动（这无须指挥，因为尚无人把守的树枝是明显的逃路）的集合效果有时恰好让猴子无路可逃，但这种程度的协调对于人类的专业狩猎是远远不够的（狩猎对黑猩猩只是副业）。

不过，假如对协调和纪律的要求仅限于此，人类恐怕不会如我们所见到的具有这么强的集体性，不会为节奏强烈的进行曲和正步方阵热血沸腾，不会如痴如醉地在迪斯科舞厅集体蹦跳，在音乐会上热泪满面地挥舞荧光棒齐声歌唱，顶着烈日在足球场掀起阵阵人浪和欢潮，冒着弹雨列队向敌阵踏步行进……

用社会心理学家乔纳森·海特（Jonathan Haidt）的话说，人类头脑里似乎有一个蜂巢开关（hive switch），一旦被打开，就会立即像蜂巢中的工蜂那样丧失自我，无私、执着甚至狂热的服务于集体目标，被同一个外部刺激同时打开蜂巢开关的一群人，哪怕是陌生人，也会着魔般地突然变得无比友爱团结、步调一致、激情高涨。

看起来，人类心理系统已经获得了一个十分专门的适应器，让我们在某些条件下（比如通过大量分泌催产素）强行压制自利动机，进入一种痴醉、恍惚、忘我的状态，像蜂巢中的工蜂那样全身心地服务于集体目标。许多集体娱乐、宗教布道、军事化训练和励志式营销正是利用了这个蜂巢开关才取得神奇的效果，有人甚至会借助药物来打开开关。

进化音乐学家约瑟夫·乔丹尼亚（Joseph Jordania）认为，蜂巢开关的起源与早期人类的捕猎方式有关，最初来到草原的人类祖先可能不是直接猎杀动物，而是从其他食肉或食腐动物口中夺食。吓退野兽的一种常用方法是夸大体型，因为动物在遭遇对手时决定进攻还是逃跑的主要指标便是体型，有些动物的鬃毛、气囊、凤冠都是派这用场的，进入战斗状态时竖起或膨胀这些器官会让身体看起来比实际大很多。

人类的身体装饰（特别是头部装饰）也可起类似作用，有时仅仅将一件斗篷高高挑起便可吓阻对手。夸大体型的一种奇妙方法，是让一群人紧密排列，行动协调一致得像单一个体一样，同时发出响亮而节奏整齐的声音——许多部落社会的战舞正是如此，它让一个狩猎团队看上去像一个巨大怪物，吼叫着踏步向对手迫近。

这一策略成功实施的关键是抑制团队成员的恐惧，而这正是催产素的效果之一。在哺乳动物中，这种激素被用于激发母爱，促使其哺育幼仔，在人类也被用于触发对性伴侣的依恋和信赖，或许正是我们祖先狮口夺食的需要，又赋予了它抑制恐惧、舒缓焦虑和阻断痛觉的功能，并且让身体能够被音乐和舞蹈等特定类型的节律性活动所激发而大量分泌这种激素。

有了这样的生理与心理基础，人类的集体化组织就变得潜力无穷。从狩猎团队到战斗团队，从宗族到部落，从年龄组到僧侣团，从修道院到集体农庄，从步兵方阵到骑兵冲锋队，从广场舞到巨型团体操，从节庆狂欢到街头抗议，这些集体活动和组织，尽管目标和功能各有不同，也不乏现实利益的考虑，但或多或少都借助了蜂巢开关，后者为解决群体合作中的搭便车难题创造了机会。

集体组织的发展，使得传统社会的个人生活中充斥着义务。狩猎或战斗伙伴召唤时必须加入他们的队伍；猎手将猎获物扛回村子时必须按习俗分给众人；丈夫必须为妻子和孩子们带去肉食；长辈必须教育和管束晚辈；晚辈必须服从管束；狩猎或放牧路线、转移牧场或开始播种的时间，必须遵从集体决定；战友或猎友受伤时必须将他们抬回家，照料他们，他们要是死了，就必须照顾其妻儿……

对神灵的信仰将许多私事变成了集体事务，因为人们相信冒犯神灵所惹来的灾祸会降临到整个群体头上，而冒犯神灵的事情是那么多，吃某些食物、和异性同胞说话、不割包皮、不按规定程序处理亲人遗体、不在规定日子斋戒、屠宰牲畜的方法不对、摆出某些手势、说出某些话……

家族组织和亲属制度的发展带来了更多义务，必须听从长辈对自己婚姻的安排，在纠纷和对抗中必须为亲属提供援助，举办宴席时必须邀请他们，他们收割或盖房子缺人手时必须帮忙，成年礼、婚礼、生育、死亡等人生重大节点的仪式必须参加、帮忙操办或赠送礼物，他们生病或挨饿时必须接济，他们的孩子不幸沦为孤儿时必须收养，如果是被谋杀的必须为他们复仇，有生意或工作机会时须优先考虑他们，如果你特别富有，或掌握某些专业知识，或身居权位，他们来求助时必须提供帮助……

以恩主—门客关系或庇护—效忠关系为基础的专业武装组织是义务的另一大来源，恩主/领主要让门客/附庸有肉吃、有酒喝，最好还要娶上老婆，要保护他们不被别人欺负，门客要服从恩主命令，舍命执行任务，附庸要维持自己的武力和装备，随时响应领主召唤，参加他发动或卷入的战争，替他决斗，在婚姻、继承和财产分割等事情上征得领主同意；反过来，领主也须在这些事情上取得附庸谅解，因为这些安排都会影响双方履行义务的能力。

这种种义务，极大束缚了个人的自由行动空间，让他们在许多重要事情上的选择变得极为有限，而他们之所以不得不接受这些束缚，无非是因为世界过于险恶，陌生人太难相信，必须与一些人紧紧抱团才能取得安全与信任，这种紧密而持久的强结合关系自然会要求他们相互承担许多义务。

不过，在社会大型化的历史中，义务和集体性并非线性增长，而是经历了一个松紧起伏的曲折过程。在不足百人的游团中，安全和信任更多地靠相互熟识、非常近的血缘和错综复杂的亲属关系来保证，较少由集体强加的义务，而且狩猎采集游团普遍奉行原始平等主义，因而缺乏必要的组织机制向个人强加义务，此时的集体性主要是一种由自然亲情和明显的日常合作需要（或许借助了蜂巢开关）所激发的自发性集体主义。

从数百人到上千人，部落的规模大大超出了熟人社会，需要更多组织和制度安排来约束其成员，提高群体的凝聚力和忠诚度，以追求共同目标。正是在缔造部落的过程中，禁忌和仪式变得繁多而严格，家长和长老的权威得到提升，长老会议获得处理公共事务和决定集体行动的权力，成人礼和年龄组被用来训练战士和组织战斗团队，氏族间通婚关系被改造得更为均衡对称、井然有序，以成为凝聚部落的更有效黏结剂……

部落，以及酋邦和城邦等早期形态的国家，都是强共同体，其成员不仅要消极的遵守规范和服从集体安排，还被要求积极参与公共事务，所有成年男子都是战士，每次集体行动都是全体动员，任何战争都会将每个家庭卷入其中；同时，每个家庭和个体的利益和机会都会得到照顾，在集体议事中都有发言权，无论通过直接民主还是由家长所代表。这样的共同体更像是参与生存竞争的单位，而不是展开生存竞争的舞台。

然而，更成熟形态的广域国家改变了这一点，广域国家的安全和秩序由掌握权力的专业武士集团维护，公共事务由政府机构处理，平民只需缴纳贡赋或租税，免除了大量集体义务，同时也被剥夺了参与这些事务的机会；这样，武士集团成了更加紧密的小集体，而平民的集体主义则退缩回了家族和地方社区的界线之内。

大型帝国的出现加剧了这一趋势，帝国更加依赖由财政供养的文职官僚系统和从平民中招募的军队来实施统治，对于这些人，打仗和公务只是谋生的职业，而不是他们作为共同体成员的义务。与此同时，由于国家很大程度上遏制了地方群体之间的冲突，因而家族和地方社区对其成员的束缚也放松了，而且国家垄断暴力和司法权的倾向也将削弱这些小共同体执行规范的能力，在部落和城邦，规范偏离者可能被惩罚、驱逐、杀死，而在广域国家的地方社区，他们更可能只是被非议和孤立。

假如国家创造的和平与秩序持续得足够长久，（我在本书第二部分中讨论的）各种促成人口与资源流动的文化和制度设施便会发育起来，于是地方小共同体施加于个人的束缚就会被继续拉松，因为高度流动性的市场社会让个人有了更多选择。

掌握一门通用语，可以让他敢于在该语言通行的广大地域内旅行和选择交往对象，便利的交通不仅让普通人也能负担得起长途旅行，而且可以降低出门和移居之前的顾虑，因为一次错误决定的代价不再那么致命，便利的通信也有同样效果，假如在旅途上和客居地能与家乡保持联络，他就更敢跨出家门，通信也能让尚未离家者从同乡那里得知远方的机会，将外面花花世界的诱惑传进村庄。

对于没有大笔财产的人，劳动市场是摆脱传统义务的最佳机会，向一位雇主出租劳力，再以工资收入换来所有生活条件，极大简化了社会关系。不像农民，必须处理与四邻的关系、和地主或领主或他们的代理人打交道、应付税务官、农忙时相互帮忙或雇佣短工、设法将剩余产品弄到市场上卖掉、为在附近树林里采薪伐木放猪而征得他人同意、为社区修路办学祭祀节宴出钱出力、与乡邻商量抗灾防盗……

仅靠工资的生活要行得通，还需要一个成熟的消费品市场，就近花钱便可买到各种生活所需，否则雇工就只能作为一种副业在离家不远的地方从事。当然，所有这一切都有个大前提：起码的治安和司法保障，只有当人们对陌生世界抱有足够安全感时才会出来寻找机会，否则他们宁可承受传统社会的沉重义务，以换取安全与信任。

从国家创造的和平秩序到法治保障下的自由市场，将个体从部落、家族和村社的集体主义中解放了出来，令其重返生活舞台的中心，成为首要的行动主体，而扩大后的共同体则成了竞技场而非参赛者，人类天性中个人主义的一面重新有了充分施展的机会，我们这个物种总算逃脱了沦为另一种蜜蜂或裸鼹的命运。

和黑猩猩不同，我们重新获得的独立性并不意味着我们无须依靠他人，正相反，在市场中，我们几乎在每件事情上都依靠他人。重要的是，在什么事情上依靠谁，如今由个人自主决定，并且随时可以改变主意，选择吃哪家馆子、看哪个频道、读谁的书、做谁的粉丝、给谁打工、跟谁结婚、与谁为邻、和谁共事。

和黑猩猩不同，我们的个人主义并不意味着个人不再对他人承担义务，尽管多数传统义务已经解除，但余下的变得更强了；比如在人际交往和公共场合的举止方面，现代社会对其成员施加了更严格的规范，如何与人保持适当距离，不表现出过度好奇心，不给人添麻烦，避免冒犯他人，不制造敌意和紧张。在熟人社会，大家知根知底，而且共享着一套习俗，所以这些很自然可以做到，但在流动性社会，由于文化背景不同，你不容易知道什么距离是适当的，何种举动会冒犯对方或产生敌意，因而需要更多的审慎与克制。

现代社会在诚实、遵守承诺和守规矩方面也对个人提出了更高要求，一个典型的例子是有关守时的规范，约会、预约、日程安排、工作流程、截止期，这些东西都是流动性社会中高度独立的个体之间为让分工合作得以进行而创造出来的，在人们天天见面、有大量时间混在一起的熟人社会是根本不需要的。

更进一步说，市场让个人变得更独立、更自由，但支撑市场制度的宪政法治不是自动存续的，它需要人们努力去维护，市场社会虽然是弱共同体，但仍然是一个共同体，并且时刻面临着外部和内部的威胁，需要其成员履行维护它的义务：应召出席陪审团，以免对正义的阐释被垄断在一小撮专家手里；积极参与地方公共事务，以免地方自治丧失根基；积极履行自卫权和参与邻里守望，以免过度依赖国家权力的保护；对政府侵蚀个人自由、走向专制的任何细微苗头保持警惕并随时予以反击；积极参加民兵组织，以免真正需要抵抗时却发现毫无还手之力；还有一项虽很遥远却最为沉重的终极义务：必要时为共同体去打仗，为它去死。

虽然人类已摆脱了蜜蜂的命运，但这或许只是一时的幸运，并没有永久性的担保，就在过去一百多年里，我们已经历了一轮集体主义的回潮，借现代传媒之利，部落情感在民族国家的规模上得以复活，经过数十年血战才被遏制，但只要我们的蜂巢开关还在，就没人能保证它不会卷土重来。

# 7 创造复杂性的新途径

专业化可以带来多样性，当一个物种散布到广大地域，进入千差万别的生态位，各种群发展出适应各自生态位的特性，便发生了辐射进化而成为不同物种。类似的，当人类走出东非草原，散布全球，适应各自生态位而发展出不同生计模式，同样经历了辐射进化；不同的是，人类的辐射进化主要表现在文化上，虽然环境也改变了遗传特性，而且文化差异也会经由鲍德温效应而内化，但种群间差异还没大到让他们成为不同物种。

但辐射进化只能带来横向的多样性，而不是结构上的复杂性，后者只有当生存策略上的分化和地理上的共处同时存在时才会发生。假如生活在一个大湖里，本属同一物种的一群鱼，其中一些开始以另一些为食，或体型缩小后寄生在其他鱼身上，或以为其他鱼清理口腔为生，那么，捕食—被捕食、寄生、互惠共生等生态结构便出现了。

有时这种结构性关系会发展得非常紧密、特化和排他，比如考拉只吃桉树叶，有些虱子只寄生在人类毛发中，有些微生物只在牛胃里与牛互惠共生。当互惠共生关系的紧密程度达到共享同一条遗传通道时，共生各方便"合众为一"，成为一个新的有机体了，由内共生创造的真核细胞，由同源细胞聚团共生、功能分化而产生的多细胞生物，以及品级分化、后虫专事繁殖的真社会性昆虫巢群，皆循此路径进化而来。

人类进化史的神奇之处在于，创造多样性和复杂性的所有这三条途径——平行的辐射分化、剥削性的捕食与寄生关系、基于分工合作的互惠共生——全都在单一物种内部出现过，甚至还零星出现了一些向真社会性发展的苗头。然而，最终将文明与社会的复杂性推向极致的，则是另一条全新的进化途径。

狩猎采集游团大致局限于辐射进化，群体内部虽有合作，却没多少专业分工（除了性别分工）；部落社会出现了更多分工与控制结构。在简单社会，巫术咒语是人人都会的生活技能，而随着巫术、仪式、传说、习俗等知识系统变得日益复杂，巫师和祭司成为专门职业，有些农牧混业社会有专业的牧羊人，纺织和陶器制作则往往伴随着群体间贸易。

凝聚部落的需要让长老和家长们获得了更多权威，有时这会上升为高度压制性的老人政治，此时老人们便利用权力为自己谋利，首先是控制家族财富，然后凭借财力娶尽可能多的妻子。在较为极端的案例中，这些部落的男性40岁之前基本没有娶妻的可能，考虑到他们的寿命，这实际上剥夺了大部分男性结婚生育的机会。

通过战争抓俘虏来吃，在人类历史上并不鲜见，黑猩猩偶尔也会从同类雌性怀里抢夺幼仔并吃掉，开始定居生活后，将俘虏变成奴隶的做法十分普遍，如果男性奴隶被用来做家务，还可能被阉割；战争中处于弱势的部落可能向强势部落纳贡以换取生存，有时强弱部落之间会形成一种女性单向流动的婚姻安排，其实就是用性资源纳贡。

早期国家的兴起伴随着众多专业化分工。首先是武士，他们专以战争为业，武士的专业化有时以游动部落征服定居部落的方式发生；继而，当大酋长或小国王们积聚起财富，便开始供养厨师、酿酒师和裁缝，雇佣工匠为其制造武器和奢侈品，修建车船与宫室，赞助说唱艺人，控制原料产地和贸易路线，庇护工商业者。

当相邻的若干城邦，通过通婚和联盟关系或霸权控制，建立起一定程度的和平秩序，贸易线路将作为消费和生产中心的各城邦连接起来，一个区域性市场便形成了。地区间贸易最初由一些关键资源（盐、黑曜石、铜、锡……）的分布不均衡推动，继而由权势阶层对武器、工具和奢侈品的需求推动，最后，当面向贸易的生产长期持续，各地在不同商品生产上积累的知识、技能和组织经验出现分化，于是比较优势成为推动贸易的主要力量。

市场的出现是文化进化史上的头等大事，它引入了一条创造复杂结构的新途径，市场交易让众多生产者能够在没有集中计划、指挥和控制的情况下，自发组织成一个分工合作网络，生产出空前复杂的产品，而且每个产品都可以成为构造更复杂产品的工具或组件，正是沿着这条途径，人类创造出了像喷气客机、航空母舰、核电站、UNIX 操作系统这样极度复杂的东西。

没有市场，文化进化也会发生，比如器物的制作会在观察模仿过程中得到改进，或随用途不同而被改造，有时会变得更复杂。把匕首装在木棍上可得到一根矛，将矛头换成带倒刺的骨刀就成了一把鱼叉，在叉尾系上根长绳便是投掷型鱼叉，将矛头改成活动型的，让它在刺入鱼身后发生扭转——每一步改变都让鱼叉变得更复杂了，因纽特人的鱼叉常有七八个部件组成。

此类改进受制于个体的认知局限。因为没有分工，当产品过于复杂时，生产者无法掌握整套工艺和技能，甚至无法凑齐全部材料和工具；另一个问题是，这种演变方式（和生物进化一样）会出现路径锁入，由于生产者积累的所有经验和技能都高度特化于当前工艺，因而他做出的每次改进都是从当前工艺出发的小步游走，而不会是大步跳跃，否则就会掉进他的知识盲区。

鱼叉后面那根绳子如果是用肌腱做的，他可能会调整绳子长度、纤维粗细、股数、搓制方法等参数，但他极不可能把它换成麻绳，因为处理麻纤维和制作麻绳的一整套工艺需要从头学起，工具也要重新制备；当然更不可能换成尼龙绳，因为那样他就需要从头建立一套石油化工，但是假如存在市场，能买到各种绳子，这样的替换就很容易发生。

市场分工让生产者能够在技术演化树的两个遥远分支之间横向挪用组件，就像把麻雀的翅膀挪来装在松鼠身上，不必同时掌握有关该组件制造的任何知识，他也不必考虑制造这个组件有多难，需要投入多少人工，材料有多稀罕，凑齐它们有多麻烦，制成后运到他这儿要费多少周折……所有这些信息中他所关心的部分都包含在价格信号里。

这一改变意义深远，他让设计者在面临类似问题时不需要一次次重新发明轮子。在生物界，重新发明轮子被称为趋同进化，十分普遍，眼睛被发明了几十次，翅膀至少四次，回声定位系统十几次，毒液更是无数次，类似的事情也发生在分子层面上，蛋白酶的催化三联体（catalytic triad）被重新发明了至少二十次。

最初从成品生产中分离出来的是一些基础材料，冶炼或提炼者将金属块、桐油、生漆、颜料等卖给各种器具制造者；随着纺织品市场扩大，纺纱、织布、染色、缝纫、刺绣等环节发生分离，因为每个阶段的半成品都有不同用途：同样的纱线用不同织法可织成不同花样的布，染成不同颜色，可以先染再织，也可先织再染，同样的布可缝制成不同款式衣服，刺上不同图案。

一旦某种商品的流通形成规模，容易买到，人们就会为它找出新用途。纸张最初用于书写，当它普及之后，转而被用于裱糊、衬垫、包装、贴窗、扎制玩具和明器。假如零星的移用成为常规，具备规模，它们就会针对不同用途发生特化，比如从最初的纸张辐射进化出信签纸、印刷纸、包装纸、墙纸、油纸、皱彩纸。

在市场分工中，中间产品的生产者是自负盈亏的独立企业，有着自己的商业模式，出于可持续经营的考虑，他们倾向于避免将自己的产品与特定的最终用途过度绑定；而同时，他们又要尽可能满足各种差异化的需求，两相权衡加上行业内协调的结果，往往是由一套离散化规格参数限定的标准系列。

通过标准化，将规格变化限制在少数型号之内，可实现组件生产的规模经济，而标准化组件的规模化供给，极大便利了新产品的开发，大量采用标准化组件，可免除众多设计与制造负担，让制造者专注于自己所面对的特有问题，特别是在原型开发和小规模试制阶段，这尤为必要。

从产业生态的角度看，标准组件和接口规范的出现，进一步降低了分工合作链条上各环节之间的耦合度，使得复杂产品和工艺在其结构的每个层次上都容易被局部替换。这样，当任何层次上出现重大创新时，新元素便可突破产品和行业边界，横跨整棵技术进化树而广泛传播。

正如我们在工业史中所看到，短短数十年间，蒸汽机在绝大多数交通应用中被内燃机取代。在工厂应用中被电动机取代；水泥取代砖石，液晶屏取代阴极射线管，LED取代氖气灯，锂电池取代镍氢电池，所用时间都更短，渗透范围更加广泛。这样的替换若发生在生物界，就相当于在鹦鹉羽毛中植入叶绿体，给松鼠装上麻雀翅膀，为蜥蜴换上兔子心脏，为马换上鸟肺。

同样的情况也存在于业务链中，通过合约承包关系，经营一门生意所涉及的各业务环节可以由一条松耦合的合作链条组织在一起，餐馆可以把洗碗工作外包出去，甚至把整个后厨包给厨师团队，制造企业可以把物流仓储外包给专业公司，会计、广告、法律事务、呼叫中心、保修业务、员工招聘，都可以外包。

这些专业服务的存在，大大方便了新企业的创办，同时，模块化的松耦合结构也让各模块可以独立替换或升级，比如当物流公司引入新的自动化仓储系统时，他们的全部外包客户的物流业务就都升级了，而且除了可感知的价格与效率变化之外，升级过程对客户完全透明，就像加工链条上某个中间品制造商的工艺改进对成品制造商透明一样。

松耦合的另一个好处是：当一个结构（产品、组织、商业模式）被市场淘汰时，其构成元素（材料、组件、工艺、知识、设计元素）不会全部随之一起消亡；相反，一个生物物种的灭绝则会将数十万年积累的新元素全部抹去。煤油灯被电灯取代后，煤油工业虽规模缩减，但并未消失，胶卷相机消亡后，镜头快门等部件仍得以延续，未来假如报纸不复存在，新闻编辑的技能和职业传统仍可在新媒体派上用场，这一特点让文化系统比生物系统更具可积累性，一个元素在丧失其全部用途之前，不会从文化基因库里消失。

市场不仅是产品与服务的进化环境，也是企业结构的进化环境。起初，企业在业主的财力限度内直接经受盈亏法则的选择，盈利者生存、壮大、被模仿，持续亏损者倒闭；然而在有了信托、法人企业、股权、可流通股票等制度设施，进而形成资本市场之后，企业面临的是一种多阶段选择：创业者就其商业计划和团队能力经受初级投资者的选择，等企业初步成型之后，又以其经营表现和商业前景经受次级投资者的选择，最后，羽翼丰满的成熟企业才开始直接受盈亏法则的选择。

在企业结构的进化上，市场同样表现出其松耦合特征；吞并（但不消化掉）其他细胞来获得新的细胞器这样的事情（即内共生），生物界可能只发生过几次或十几次，经由逆转录而从其他物种那里获得遗传编码片段的事情，也只是偶尔发生，有机体的某个器官分化成独立物种（出芽生殖是另一码事，产生的还是同物种个体）则闻所未闻，近乎不可能，但企业间的并购、重组、分拆，却每天都在发生。

如上所述，市场是由一系列制度元素构成的人工环境，产品和企业在其中经受选择，经由分化与组合而进化。不过，当市场达到一定的广度，跨越众多制度各不相同的国家时，它反过来也会经受企业的选择，那些能够为企业创造更适宜的局部环境的国家，将吸引或孕育更多、更优秀的企业；反之则会赶跑或抑制企业。假如企业的兴旺与共同体本身的竞争优势密切关联，那么这一选择机制便会导致市场制度的持续改进。

但这些条件并不容易满足。首先，运输与通信成本越高，企业对地理位置就越敏感，因而越难为寻找适宜制度而搬迁，假如跨国贸易和可能搬迁的企业都太少，就难以对制度改良构成激励，这正是古代多数时期的情况；其次，这里存在一对矛盾，如果国家很大，那就很少有贸易能够跨越多国，但如果小国林立且征战不休，远途贸易就很难得到安全保障，沿途的重重壁垒和关卡将带来高昂交易成本，足以将多数贸易扼杀于摇篮。

较为理想的是林立小国之间由条约或霸权维持大致

的和平秩序，许多古代文明繁荣期——苏美尔、希腊城
邦、先秦华夏、玛雅、墨西哥高原——都符合这一模式；
但这种均势通常都十分脆弱，条约联盟很容易被内部纷
争撕裂，或因其中一强崛起而合并，或因外强介入而打
破均势。

中世纪后期欧洲的繁荣很大程度上得益于大批自由
城市的独立存在，而这又是因为欧洲在政治上分裂，君
主们之所以容许城市自治，是因为若不然，工商业者就
会逃走，带走他们的税源，当这些自由城市联合起来一
致行动时——比如 14—17 世纪的汉萨同盟——他们在捍
卫自治权和迫使各国降低关税壁垒、接受亲商制度方面
就尤为有效。

然而在古代其他地区，区域统一市场的形成往往伴
随着集权帝国的兴起，因为有利于统一市场的条件——
交通、通信、通用语、共同宗教、文化同质性——也都
有利于创建帝国，而一旦帝国建成，权力之手便开始向
私人领域伸去，对私人企业的压榨和对工商业的垄断控
制不断强化，支撑市场的制度则逐渐僵化、腐化和退化。

形成制度竞争的另一个条件同样困难，企业兴衰和
迁移若要对制度构成选择压力，需要经济繁荣能够转变
为国家竞争力。这看似理所当然，实则非常可疑。历史
上，经济繁荣并不能保证军事优势和国家安全，繁荣的
定居文明被蛮族征服或摧毁的事情屡屡发生。

长期和平会削弱国民的战斗力，为便于统治，国家会刻意压制民间的武力和尚武传统，统治者在想出办法牢牢控制军队之前，也不希望军队变得过于强大，定居国家实施全面防御的难度和开销，都远远超出择机而动的劫掠和突袭；而且经济繁荣不一定能为国家安全提供稳固的财政基础，税源可能被人口压力挤干，也可能被官僚系统消耗，或用于满足个人野心，或耗费在各种铺张工程上。

这种种原因，使得市场制度总是起伏跌宕、时好时坏，直到宪政法治在一些国家得到稳固，代议制和国债市场健全了财政体系，职业军人的荣誉感和国家忠诚变得可靠（因为宪政程序清除了私人效忠和军人干政的土壤），快捷通信强化了政府对军队的控制，重型武器装备提升了财力对军事优势的重要性……直到此时，企业和工商业活动才对制度构成持续的选择压力，令其不断改进并创造出支持市场的新元素。

最初在西欧各国之间展开的制度竞争，随西方势力的扩张而蔓延至全球，所到之处群起效仿，到19世纪，终于在大英帝国的主导下建立了全球市场。全球市场所创造的繁荣已有目共睹，但远非安然无恙，维持它的制度结构和全球秩序并没有自动的保证。

## 8 普世的，太普世的

在部落社会，人们在与自己人（即所在部落的其他成员）和外人交往时奉行着完全不同的伦理标准，对外人的痛苦与不幸所抱的同情心，伤害或欺骗他们时产生的负罪感，都要弱得多，在目睹他们被欺凌时，更少出手相助、匡扶正义的义务感，当他们做出（在自己看来）有悖伦理的事情时，也更少施以惩罚、加以阻止或纠正的冲动（这是一种基于蔑视的宽容——他们根本不算人，所以有此非人举动我也不必大惊小怪）。

随着群体间交往增多，大范围和平秩序的建立，伦理上的内外之别已逐渐削弱，但它从未完全消除，即便到近现代，一些历史上国家权力鞭长莫及或法律不彰的地区：西西里、巴尔干、菲律宾、索马里，宗族组织和部落主义仍然盛行，这些地方因而也盛产组织严密的黑帮，其特点是内部有着良好规范，充满合作互助、友情关爱，对外则冷酷无情、毫无底线。

这些反面案例提醒我们，不分亲疏的普遍正义感是晚近才出现的道德情感，是自文明起源以来人们在流动性大社会长期生活的产物，并非由人类古老天性所保证。

对陌生人态度的改变，首先源自安全感的提升；对特定事物的恐惧是可以习得的，多数灵长类都怕蛇，但并不都是天生就怕，有些猴类幼年时不怕蛇，直到有一天看到成年猴对蛇做出惊恐反应，从此学会，但并不是说这些猴类对蛇没有某种先天倾向，它们很容易学会怕蛇，一次观察即可学会，却不容易以同样方式学会怕其他东西；事实上，一些实验显示，灵长类头脑中似乎有一个"蛇探测器"，让它们能够敏锐的从杂乱背景中发现蛇形物，远比发现其他形状的物体更敏锐，这也解释了为何它们在看到长辈的惊恐反应时，能迅速领会到惊恐的对象是什么。

对人类来说，最危险的动物显然是其他人类，但同时，最亲密的伙伴也是其他人类，因而关键在于如何区分安全的和不安全的人类；在游团或村庄这样的小型社会，这问题可以通过熟识关系轻松解决，谁是朋友、谁是仇家、谁是性格乖张凶暴的恶人，大家都很清楚，偶尔有陌生人到来，也可依据将他带进来的那个人对他的态度而判定，如果没有证据表明他是友善的，就一律视为危险分子。

所以小社会的人总是对新来者表现出强烈的好奇心，小孩会躲到大人身后，直到从大人的态度中重新获得安全感；新人到来的消息会迅速传遍整个村庄，人们贴在门缝上、趴在窗户上，急切捕捉任何有助于弄清其底细的线索，热烈讨论每个细节，主人也会觉得有义务向邻居们说明客人的背景，人们如此积极地获取有关一个人的信息，就是为了将他做出适当的归类，以便采用适当的策略处理与他的关系（戒备、攻击、示好、漠视）。

可是在更大的社会中，这套方法就不怎么管用了，你没工夫弄清那么多人的背景，就算弄清了也记不住，于是我们转而采用贴标签、归大类的省力办法，而其中最重要的一个类别，就是我们文化上的同类，即和我们有着相同的语言、背景知识、信仰、历史记忆、亲属系统，遵循着同样的习俗、交往礼仪和其他社会规范的人类。

当我们将一个人认定为文化同类，那么即便与他未曾谋面，也可相信能够从他的举止中推断其动机和信念，通过交谈了解其意图和需要，即便有分歧冲突也有协商的可能。总之，他们是可以沟通的，可以被我们的理由与愿景打动的，有道理可讲的，可以理喻的。

和蛇探测器一样，我们头脑中也有一个文化同类探测器；当小型社会向部落、酋邦和早期国家发展时，各种身份符号被创造出来，以方便人们将共同体伙伴识别为同类，随着共同体扩大，被归为同类的人越来越多，遍及人们能够感知的整个世界，而异类只存在于遥远的边疆，或那些被征服而未被同化的少数族群之中，多数时候，他们只是一面可以从中照出文化自我的镜子，而不再是一种需要时刻警惕的威胁。

正是在这一历史阶段——时间上可粗略对应于卡尔·雅斯贝尔斯（Karl Jaspers）所称的轴心时代（Axial Age）——人类道德心理发生了一次重大转向，一种新的道德情感首先在流动的精英阶层中浮现，随后又因他们的影响力而主导了整个社会的道德氛围。

这些精英的一个重要来源，是未能继承家业或权力的王族或贵族子弟，虽然他们在族内的地位有所跌落，但仍有机会获得良好的教育并建立广泛的社交网络（因为贵族的通婚和社交圈子都比平民更广泛、更有价值），家族的财富和社会资本让他们得以自如地游走于各城邦或小国之间，或以一技之长服务于大小君主，或自立门户、招纳门徒、行侠仗义、传道授业、著书立说。

他们于是面临一个问题：在脱离了原有的家族和地方社区之后，如何为自己建立声望，以获得合作伙伴（特别是他们所服务的君主）的尊敬与信任？在以往的低流动社会，这些很大程度上是由共同体成员身份自动保证的：因为我成长并生活于这样的群体中，必定会被教会要求遵循这些规范，任何偏离都会立即遭受其他成员的惩罚或孤立，你可以相信我不会那么做，是因为我从未被允许那么做，我对这些禁忌的恐惧如此强烈，以至于我根本不会那么做，这跟我个人的品性关系不大。

对于游走四方的精英士子和工商业者，这些因素（群体所强加的义务和禁忌、对神灵的畏惧、从小沉浸在特定文化中所养成的习惯）仍然起作用，但越来越缺乏说服力，因为他们各自出身群体的不同习俗和信仰，各自畏惧的不同神灵，对个体行为究竟有多大约束力，在他人眼里都是可疑的，更可疑的是，在脱离原有群体之后，这些约束是否还会延续？那些据说如此偏爱和眷顾特定群体的神灵，其法力真的会超出信奉它的地方吗？

为解决这个问题，他们必须寻找一种新的、无关特定文化的理由来博取他人的尊敬与信任，他们找到的是普遍人性与个人品德，逻辑是这样的：无论来自何方，我们都有着相似的情感，都能理解同情他人的欲望和痛苦，所以只要一个人心地善良、通情达理，便可按一些极为简单，并且从人类同情心可自然引出的原则——比如己所不欲勿施于人——来指导自己该如何行事，才不会伤害到他人。

于是问题转向：如何让人相信你果真拥有这样的品德？为此，人们创造出了各种美德展示（virtue signalling）系统，向饥民施粥、为乞丐洗脚、替病人吸脓血，以展示自己的同情心，戒断肉食、禁欲独身、衣衫褴褛甚至裸身跣足，以展示自己克制贪欲（这被认为是众多恶行的根源）的能力，主动置身险境、承受痛苦、残毁肢体，以展示自己的坚忍和毅力：我连这样的痛苦都能忍受，还有什么原则不能坚持？什么誓言不能遵守？什么使命会被我辱没？

展示信号的成本必须足够高才显得可信，和动物的禀赋展示信号（比如羚羊通过炫耀性跳跃告诉捕食者：看，我身手这么敏捷，劝你还是去追别人吧）一样，美德展示也会引发军备竞赛，竞相攀比令其变得越来越极端。当然，绝大部分人无法负担那些极端的形式，但他们可以将其作为代理展示手段，通过赞美、追随、资助、膜拜践行这些极端方式的僧侣和圣徒，可以在众人心目中营造一种自己和他们共享着同样价值与美德的印象。

美德展示可能是真实的，也可能是虚假或夸大的，但无论它是否真实，都会推动舆论氛围的转变，被颂扬的美德成为新的评价标准，通过社会压力而改变人们的行为，最终将其确立为社会规范。

从习惯性的循规蹈矩到自觉的善行义举，从群体强加的义务到个人的品德展示，从基于恐惧的顺服到主动的原则坚守，从功利性的泛灵信仰到非功利性的道德神崇拜，从不同文化孕育的多样习俗到基于一般原则的普遍伦理，从亲疏有别的部落主义到一视同仁的一般正义感，这一系列转变导致了人类道德体系的升级，变得更为普世化，这一体系（连同国家所维持的法律秩序）让文化各异的地方社区得以结成大型共同体。

　　普世化转变与社会流动的关系，从各大文明的历史中不难看出，希腊哲学兴起于学者在各城邦间的流动，儒家学说形成的时间也与士人阶层开始周游列国相契合，基督教向普世宗教的转变正是基于散布于希腊罗马世界的犹太社区摆脱旧习俗的需要，这些犹太人都聚居于高流动性的大城市，并以流动性职业为生。近代欧洲启蒙运动中普世主义的再度兴起，与商业繁荣、城市扩张、印刷术，以及知识精英经由旅行、沙龙和通信所结成的交流网络（所谓 Republic of Letters）脱不了关系。当今西方普世主义与民族主义和特殊主义的较量中，前者在大都市赢得了最多的支持者。

　　普世主义（universalism）在人类社会的文明化进程中功不可没，一个容易观察到的例证，是文明地区残酷行为的普遍减少和慈善活动的普遍增加，早期国家极为盛行的人牲献祭和人殉，到古典时代已基本废止，肉刑也逐渐减少直至销声匿迹，各大宗教都倡导慈善义举，无论是否真心诚意，统治者们也都努力将自己装扮成普世道德的守护者，早期宗教中那些暴戾乖张的神灵逐渐被改造得面目和善。

　　然而，尽管有这些好处，普世主义往往会走过头，裹进一些不切实际乃至有害的想法；诚然，人类有着许多共同天性，这些共性让有着不同族群渊源和文化背景的人们有可能在一些基本道德原则上达成一致，进而基于这些原则发展出让共同生活成为可能的伦理与法律体系，或者将既已存在的体系变得相互兼容，假如普世主义的含义到此为止，那是可以成立的，并且恰好体现了人类社会的进步历程。

但事实上它已被赋予更多内涵，首先是性善论：人类天性是善良的，一些社会之所以陷于罪恶与黑暗之中，只是因为良心被无知所蒙蔽；所以，只要多一些教育，长一些见识，多一些理性与科学，去除一些蒙昧，让人类天性充分发展，那么个体良心就会自动汇集成公共之善，实现普遍正义。

其次是自然权利论：一些基本权利是与生俱来的，一些基本的道德与法律规则（包括上述自然权利的内容）是不言自明的，这两者都不是任何人类制度所创造的，而是依自然与人类的本性而自动确立，有些地方权利遭受践踏，道德原则被破坏，只是因为世间（不知何故）还有一些坏蛋、恶棍、暴君、邪恶势力，以及善良人的无知与软弱；所以，只要除掉一些恶人，推翻几个暴君，增加一些理性，权利便可得到保护，正义即可得以伸张。

从以上两点，又顺理成章地推演出政治上的世界主义（cosmopolitanism）：全体人类，无论源自哪个种族或民族，有着何种文化背景，身处何种社会，都拥有同样的善良天性，保有同样的天赋权利，认可并乐意遵守同样的基本规则，赞赏同样的普世价值；所以，只要给他们机会（这通常意味着只需解除殖民者或专制暴君的压制），都能建立起效果相似的法律与政治制度，来维护这些权利与规则。

这进而意味着，保护自然权利与普世规则的宪政与法律制度，是文化中性的，它们在一些国家首先建立，并不是因为那里的人民在心理和文化上有何特殊之处，只不过各民族在走向人类终极命运的道路上有些快慢先后而已，所以，那些先行一步的国家大可听任其人口之种族与文化构成被任意替换，而不必担心现有制度会因此而被侵蚀垮塌。

这一切听上去很美好，却是完全错误的；孤立地看，人人都爱权利与自由，列出一份权利清单去问他们喜不喜欢，或许会听到异口同声一片亚克西，但一个人热爱自己的权利，并不等于他会尊重他人的权利，在人类相互杀戮了几十万年之后，说他们突然变得如此善良，以至出于本性（而非制度约束）就愿意尊重他人权利了，这断难让人相信。

权利并非由天而降，而是从人类个体与群体之间竞争与合作的博弈均衡中浮现，并由一整套制度确立和保障（这一过程并未完结，新型权利仍在不断创生），其中由国家权力所支持的司法系统起了关键作用，但国家同时也是侵犯个人权利的最危险组织；如何建立一个足够强大，有能力抵御外敌，维持和平，执行法律，同时又将其随时可能伸进私人生活的手牢牢捆住，并确保其巨大权力不落入独夫或帮派之手？

国家起源之后的数千年中，这问题始终未被解决，直到宪政在金雀花王朝的英格兰得以建立；近代以来，钦羡或震惊于英美的成就，各国群起效仿，但在英语国家之外，复制成功者只是少数，有些仿制品在现实中达到了近似的效果，但并未证明能够自我维持，因为它们始终寄生于先由英国后由美国所主导的国际秩序之中，一旦这一秩序瓦解，其宪政能否延续，至少是可疑的。

建立和维持宪政之所以困难，一是因为达成权力制衡结构本身就是小概率事件，二是因为制衡结构必须长期存在才能成为各方的可靠预期，才能制度化为宪政，才能培养出温和保守、善于妥协的政治传统，以及珍视并积极捍卫这些传统的舆论氛围和公民美德——特别是在社会精英中间。

重要的是，这些作为宪政与法治之土壤的美德，与各大文明中普遍受推崇的那些美德十分不同，有些甚至在直觉上相互冲突；劫富济贫的佐罗，支持穷人赖账的法官，绕过司法程序惩治贪官的明君，在几乎所有文明中都广受赞誉，为平息民怨而插手地方事务破坏其自治权，动用强权废除鄙俗陋习，不顾议事程序雷厉风行地推进受民众欢迎的改革，也同样备受称颂。

同情弱者、温和谦让、诚实守信、友爱互助、痛恨贪腐,这些能直接带来可欲结果的一阶美德,是容易被理解和赞赏的,因而不难成为普世价值;然而推动和维护宪政所需要的,更多的是二阶美德。它们首先为良好的制度创造条件,然后由这些制度产生可欲结果,这一间接迂回的关系不容易凭常识得到理解或为直觉所接受,只有长期沉浸于孕育它们的特定文化传统之中,才能加以赞赏和珍视,并内化为信仰和价值观。

就算能帮穷人摆脱困苦,也不能支持他赖账;就算法官做出了被众人视为不公的裁决,也要支持司法独立;就算地方政府昏庸无能,也要支持地方自治;就算某本著作充斥着错误荒唐庸俗乏味的无稽之谈,也要支持言论与出版自由;就算灾民身处水深火热之中,未经州长请求也不能把军队开进灾区;就算你相信强迫制药厂低价卖药可以拯救大批病人,也要反对政府剥夺私人财产权;就算你认为阿米绪孩子受教育太少,也要支持宗教自由,也要反对政府将监护权从父母手中夺走……

正因为需要这些远非普世的特殊美德,宪政体制并不是文化中性的,世人对宪政这棵果树结出的果实大流口水,却常常对果树之根和它深植于其中的文化土壤懵然无知甚或嗤之以鼻,这样你就很难相信,他们仅仅依靠自己也同样能把果树种活养好。

过去二十多年的全球化浪潮曾让许多人产生了世界大同即将到来的感觉。可不是嘛,跨越数万公里的远洋运输成本甚至已低于数十公里的陆地运送，高速互联网完全消除了通信的距离差异，来自千百个民族的数十亿人，有史以来首次真切体会到共同生活在一个高度流动性的全球社会中的感觉，呼吸着同一片自由空气，享受着前所未有的繁荣，谁会不喜欢？谁又肯放弃这样的美好？

也许不会放弃，但可能会丢失，与澳洲大陆隔绝之后的塔斯马尼亚人，逐渐丢失了几乎所有工具制作技能，那显然不是他们想要放弃的，他们只是不具备保有这些文化元素的条件，甚至有意识、有组织、真心诚意地努力维护也未必成功；高举《人权宣言》的法国革命政府很快变成了一部恐怖专政机器，雅各宾党人对自由与权利的热情、真诚，其个人品格的廉正无私，都是毋庸置疑的。罗伯斯庇尔在年轻时还为坚守反对死刑原则而辞去了刑事法庭法官的职务，可是在掌握权力之后，实现美好理想的努力一步步发展成对反对者的血腥屠杀，短短一年内将四万多人送上了断头台。

只有宪政国家才会将力量用于支持市场秩序，而非仅用于掠夺和征服。然而也正因此，世人常常无视或遗忘这一基础的存在，因为掠夺征服是看得见的，对市场秩序的基础性支持则不容易看见，而且越是可靠就越不容易被看见，或许只有当这一支持被撤回时，人们才会在一片惊恐中恍然大悟，就好比静静躺在大洋深处的海底光缆，只有当它断掉时才会引起世人注意。